新型职业农民培育规划教材

# 畜禽规模生产经营

◎ 郭 芳 苏建方 卢 明 主编

中国农业科学技术出版社

## 图书在版编目（CIP）数据

畜禽规模生产经营／郭芳，苏建方，卢明主编．—北京：
中国农业科学技术出版社，2015.8
ISBN 978 - 7 - 5116 - 2180 - 1

Ⅰ.①畜…　Ⅱ.①郭…②苏…③卢…　Ⅲ.①畜禽 - 饲养
管理 - 技术培训 - 教材　Ⅳ.①S815

中国版本图书馆 CIP 数据核字（2015）第 172030 号

责任编辑　崔改泵　张孝安
责任校对　贾海霞

| 出 版 者 | 中国农业科学技术出版社 |
| --- | --- |
| | 北京市中关村南大街 12 号　邮编：100081 |
| 电　　话 | （010）82109194（编辑室）　（010）82109702（发行部） |
| | （010）82109709（读者服务部） |
| 传　　真 | （010）82106650 |
| 网　　址 | http://www.CASTP.cn |
| 经 销 者 | 各地新华书店 |
| 印 刷 者 | 北京富泰印刷有限责任公司 |
| 开　　本 | 850mm ×1 168mm　1/32 |
| 印　　张 | 7.5 |
| 字　　数 | 195 千字 |
| 版　　次 | 2015 年 8 月第 1 版　2015 年 8 月第 1 次印刷 |
| 定　　价 | 28.00 元 |

# 《畜禽规模生产经营》
## 编委会

主　编　郭　芳　苏建方　卢　明

副主编　刘　媛　周德强　马　强

参　编　王　伟　张　丽　赵　瑜

# 前　言

新型职业农民是现代农业生产经营的主体。开展新型职业农民教育培训，提高新型职业农民综合素质、生产技能和经营能力，是加快现代农业发展、保障国家粮食安全、持续增加农民收入、建设社会主义新农村的重要举措。党中央、国务院高度重视农民教育培训工作，提出了"大力培育新型职业农民"的历史任务。实践证明，教育培训是提升农民生产经营水平，提高新型职业农民素质的最直接、最有效的途径，也是新型职业农民培育的关键环节和基础工作。

为贯彻落实中央的战略部署，提高农民教育培训质量，同时也为各地培育新型职业农民提供基础保障——高质量教材，按照"科教兴农、人才强农、新型职业农民固农"的战略要求，迫切需要大力培育一批"有文化、懂技术、会经营"的新型职业农民。为做好新型职业农民培育工作，提升教育培训质量和效果，我们组织一批国内权威专家学者共同编写一套新型职业农民培育规划教材，供各新型职业农民培育机构开展新型职业农民培训使用。

本套教材适用新型职业农民培育工作，按照培训内容分别编写了生产经营型、专业技能型和社会服务型三类。定位服务培训对象、提高农民素质、强调针对性和实用性，在选题上立足现代农业发展，选择国家重点支持、通用性强、覆盖面广、培训需求大的产业、工种和岗位开发教材；在内容上严格按照信息职业农民培训规范为依据，针对不同类型职业农民特点和需求，突出从种到收、从生产决策到产品营销全过程所需掌握的农业生产技术和经营管理理念；在体例上打破传统学科知识体系，以"农业生产过程为导向"构建编写体系，围绕生产过程和生产环节进行编写，实现教学过程与生产过程对接；在形式上采用模块化编写，教材图文并茂，通俗易懂，利于激发农民学习兴趣，具有较强的可读性。

《畜禽规模生产经营》是系列规划教材之一，适用于从事现代畜禽规模养殖产业的生产经营型职业农民，也可供专业技能型和专业服务型职业农民选择学习。本书介绍了当前中国畜牧业发展现状、动物营养基础知识，同时对主要消费畜产品种类生猪、肉牛、肉羊、家禽，分别从养殖技术、疫病防治技术、经营管理技术等方面系统地进行了讲解，以供广大农民创业者学习参考。

编　者

2015 年 6 月

# 目　录

# 模块一　现代畜牧业生产

## 一、现代畜牧业生产概述

### （一）我国畜牧产业现状

目前，畜牧业产值已占中国农业总产值的34%，从事畜牧业生产的劳动力就有1亿多人，畜牧业发展快的地区，畜牧业收入已占到农民收入的40%以上。中国畜牧业在保障城乡食品价格稳定、促进农民增收方面发挥了至关重要的作用，许多地方畜牧业已经成为农村经济的支柱产业，成为增加农民收入的主要来源。自20世纪90年代以来，中国畜牧业产业快速发展，畜牧业产值在农、林、牧、渔业产值中的份额稳定上升，已成为农业的重要支柱产业，其发展呈现以下特点。

**1. 肉、蛋、奶产量持续增长**

2012年猪牛羊禽肉、禽蛋、牛奶产量分别为8 221万吨、2 861万吨和3 744万吨。

**2. 生产方式逐渐变化，规模化生产增长加快**

20世纪90年代以来，我国畜产品生产开始由个体散户饲养向规模化养殖发展，现阶段主要是小农户家庭畜禽饲养、养殖专业户饲养与企业化规模饲养三种共存方式。而这三种畜禽生产方式在提供畜产品总量、产品总量中所占份额，以及三种生产方式的内部结构都发生了明显变化。突出地表现为：

（1）小农户畜牧业生产规模普遍提高。

（2）我国畜禽业的生产方式开始从小农户、副业型经营向专业型、规模化方式转变。在畜产品生产总量构成中，普通农户生产比重下降，而专业户和企业化规模饲养所占比重上升。

（3）畜牧生产逐步向优势区域集中。随着我国农业产业化的发展。畜牧业产业的区域化趋势越来越明显。如生猪产业带10省（区）（按产量排序依次是：四川、湖南、河南、山东、河北、广东、广西壮族自治区、江苏、湖北、安徽）产量占据了全国总量的66%。肉牛产业带主要集中分布在华北、中南地区和东北地区11省（区），其产量占到总量的72%。奶牛产业集中在内蒙古自治区、黑龙江、河北、山东、新疆维吾尔自治区五省（区），其产量占总量的62%。禽蛋产业带主要在河北、山东、河南、江苏、辽宁。

### （二）畜牧产业发展趋势

从肉类产品的生产结构来看，我国的肉类主要品种按其产量由大到小排列为猪肉、禽肉、牛肉和羊肉，其中猪肉占总产量的2/3左右。以肉牛、肉羊为主的节粮型草食类牲畜和饲料转化率较高的禽类，呈现出快速的增长态势。猪肉、禽肉、牛肉、羊肉、杂畜肉的比重依次为65：19：9：5：2，这一结构总体上符合我国国情，即在发展进程中适应形成的消费习惯、民族性特点和动物生物体生长周期以及市场变化。同时，我国的肉类结构与世界肉类结构的变化过程基本是符合的，世界肉类结构比重中，猪肉、禽肉、牛肉、羊肉、杂畜肉分别为40：30：24：5：1。所以，我国在肉类发展中依然坚持了猪肉业稳定发展、禽业积极发展、牛羊业加快发展的原则，推进肉类品种合理结构。

畜牧业的科技含量将加大，新品种的畜禽育种工作将是热点，在加速传统畜牧业向现代畜牧业转变过程中，技术因素将越来越起着决定性作用。抓好畜牧业现代养殖示范和畜禽育种工作，提高其抗病能力和肉质是畜牧业发展的重中之重。

畜牧业规模化生产趋势进一步凸显。养殖户养殖规模扩大，中等规模生产场户在规模化养殖中的数量和产量比重不断上升，是近几年来我国畜牧业发展现状也是未来发展的走向。专业化、集约化和规模化是未来畜牧业走上正轨的保证也是其必然趋势。总体上讲，专业户和中等规模户是中国未来畜牧业的主力，也是实施小农户与大市场对接战略的重要基地。

# 二、国家畜牧产业与生产补贴政策

## （一）畜牧产业政策

### 1. 稳定畜牧业生产能力

继续坚持"稳生猪、保家禽、促牛羊"的方针不动摇，加强形势研判和生产技术指导，促进生产平稳发展。实施《全国牛羊肉生产发展规划（2013—2020 年)》，积极争取并落实扶持牛羊肉生产发展的各项政策。开展家禽产品专题宣传，科学引导舆论，提振消费信心，促进家禽业持续健康发展。

### 2. 大力推进畜禽标准化规模养殖

继续开展畜禽养殖标准化示范创建活动，加强示范场监管，进一步提高辐射带动效果。组织实施生猪、奶牛、肉牛肉羊规模养殖场（小区）建设项目和扶持"菜篮子"产品生产项目，改善规模养殖场基础设施条件。以《畜禽规模养殖污染防治条例》实施为契机，立足指导和服务职能，研究和推广高效、经济、适用的畜禽养殖粪污综合利用模式。

### 3. 加快现代畜禽种业建设

加强生猪核心育种场监管，加快推进生猪联合育种。实施奶牛和肉牛遗传改良计划，加强生产性能测定，遴选肉牛核心育种场，推进奶牛种公牛自主培育。开展国家蛋鸡核心育种场和良种扩繁推广基地遴选。组织制定肉鸡、肉羊遗传改良计划。认真落实畜牧良种补贴政策，强化项目规范管理。继续开展种畜禽质量安全监督检验。修订发布国家级畜禽遗传资源保护名录，实施畜禽种质资源保护项目。

**4. 完善畜牧业发展金融保险政策体系**

深化与金融、保险部门的沟通协作，积极争取畜牧业金融贷款扶持，创新担保方式，扩大抵押质押范围，推动建立银行、政府、企业和担保机构风险共担机制；推动规模养殖生猪价格保险政策扩大试点，争取扩大畜牧业政策性保险保费补贴试点范围，积极发挥市场作用，促进现代畜牧业建设。积极协调国家开发银行等金融机构，加大对畜牧业发展的金融支持力度。

**（二）生产补贴政策**

**1. 畜牧良种补贴政策**

生猪良种补贴标准为每头能繁母猪 40 元；奶牛良种补贴标准为荷斯坦牛、娟姗牛、奶水牛每头能繁母牛 30 元，其他品种每头能繁母牛 20 元；肉牛良种补贴标准为每头能繁母牛 10 元；羊良种补贴标准为每只种公羊 800 元；牦牛种公牛补贴标准为每头种公牛 2 000 元。

**2. 畜牧标准化规模养殖扶持政策**

从 2007 年开始，中央财政每年安排 25 亿元在全国范围内支持生猪标准化规模养殖场（小区）建设；支持资金主要用于养殖场（小区）水电路改造、粪污处理、防疫、挤奶、质量检测等配套设施建设等。

**3. 动物防疫补贴政策**

一是重大动物疫病强制免疫补助政策。国家对高致病性禽流感、口蹄疫、高致病性猪蓝耳病、猪瘟、小反刍兽疫（限部分省份）等重大动物疫病实行强制免疫政策；强制免疫疫苗由省级政府组织招标采购，兽医主管部门逐级免费发放给养殖场（户）；

疫苗经费由中央财政和地方财政共同按比例分担，养殖场（户）无须支付强制免疫疫苗费用。二是畜禽疫病扑杀补贴政策。国家对高致病性禽流感、口蹄疫、高致病性猪蓝耳病、小反刍兽疫发病动物及同群动物和布病、结核病阳性奶牛实施强制扑杀；对因重大动物疫病扑杀畜禽给养殖者造成的损失予以补贴，补贴经费由中央财政和地方财政共同承担。三是基层动物防疫工作补助政策。补助经费用于对村级防疫员承担的为畜禽实施强制免疫等基层动物防疫工作经费的劳务补助。四是养殖环节病死猪无害化处理补助政策。国家对年出栏生猪 50 头以上，对养殖环节病死猪进行无害化处理的生猪规模化养殖场（小区），给予每头 80 元的无害化处理费用补助，补助经费由中央和地方财政共同承担。

# 三、影响畜禽产品价格因素

（1）饲料价格的高低。饲草、饲料是畜牧业生产的物质基础，当豆饼、玉米、小麦等产品价格较低时，养猪、养鸡业的生产成本降低，养殖效益增加。而当饲料价格上涨时就会造成养殖成本增加，引起养殖业效益降低甚至亏损。

（2）良好的生产管理和经营模式可增加效益，保持有利的价格。

（3）人们的风俗和生活习惯也可以影响畜牧产品的价格波动。

（4）畜禽疫病影响畜产品市场价格波动。

（5）进出口贸易对畜产品价格影响巨大。

（6）供给关系。畜禽产品存栏量与市场需求量之间能否达到平衡，对产品价格会产生明显的影响。如"价格下跌—宰杀母猪—生猪减少—供应短缺—价格上涨—养殖增加—生猪卖难—价格下跌"。

# 四、畜禽养殖模式的选择

## （一）集约化养殖

是以"集中、密集、制约、节约"为原则，工业化的生产方式管理畜禽生产，最大化的发挥畜禽生长潜力为目的的一种养殖模式。

### 1. 生产效益高

生产效益是任何企业生存发展的前提和保障。集约化养殖模式由于大规模投资、合理规划，在市场竞争中具有明显优势。由于固定资产的投入占成本比重较大且固定不变，因此，当产量到达盈亏平衡点（收回固定资产投资）后，产品边际成本降低，边际利润升高。即每增加一单位产品，需要成本逐渐降低，因此利润逐渐增加。高质量、高产出是建立在合理的规划布局，科学严谨的管理，快速精确的市场分析基础之上，这就需要大量专业知识扎实、经验丰富的管理技术人员作为保障。因此在集约化养殖过程中，人才就成为资本之后最为关键的因素。规模效应和精确管理是集约化养殖生产效益提高的保障。

### 2. 抗风险能力增强

由于集约化养殖的规模较大、产出较高，所以，在渠道博弈的过程中占据优势地位。同时可以通过调控产量以应对价格波动冲击，减小损失，降低风险。集约化养殖场可以以较低的价格获得饲料、兽药等，同时在产品市场上也有较高的议价能力；在内部疾病和养殖管理上都能做到专业化，最大限度地降低疾病风险；在应对外部需求变化和价格波动时，及时合理的做到产量降低。

### 3. "亚健康"状态与污染等问题要重视

在集约化养殖过程中，由于片面追求寻求畜禽生产潜力的释放，畜禽的生长环境封闭、活动空间狭小，各种病原菌和应激刺激导致畜禽的抗病力下降，机体处于"亚健康"状态。同时，由于兽药、激素、放射性元素和各种饲料添加剂等物质的使用与超剂量添加，导致畜禽产品中有害物质积累过多而形成残留。为了提高畜禽生产性能，增加经济效益，人们往往大量添加抗生素和化学合成药，结果对畜禽健康和安全以及畜产品质量造成影响，最终影响人类身体健康。集约化养殖虽然能够降低畜禽养殖对环境的污染，但是，其规模较大，产生的排泄物如果处理不好将产生更为严重的后果。

**（二）生态畜牧业**

生态畜牧业是运用生态系统的生态位原理、食物链原理、物质循环再生原理和物质共生原理，采用系统工程方法，并吸收现代科学技术成就，以发展畜牧业为主，农、林、草、牧、副、渔因地制宜，合理搭配，以实现生态、经济、社会效益统一的畜牧业产业体系，是技术畜牧业的高级阶段。生态畜牧业主要包括生态动物养殖业、生态畜产品加工业和废弃物（粪、尿、加工业产生的污水、污血和毛等）的无污染处理业。生态畜牧业以畜禽养殖为核心，因地制宜地与林业、种植业等相互结合形成系统，以"食物链"的形式进行物质和能量的循环，互相制约、互相促进，实现系统平衡。系统尽量保证多的经济值增加，同时减少废弃物和污染物排放，实现增加效益和净化环境的统一。针对我国人多地少，人均自然资源占有量少，同时环境破坏严重的现状，生态畜牧业已经成为畜牧业可持续发展的必然选择。

# 五、发展养殖业应考虑的因素

在选择项目时要考虑以下几个方面。

### (一) 地理和资源优势

各地地理情况不同，资源也不同，养殖习惯及畜禽适应性也不同，要根据当地的自然环境来选择，充分利用当地资源，还可适当种植一些牧草作补充，设法降低饲养成本。目前，我国已基本形成了以长江流域、中原和东北为中心的生猪产业带，以中原和东北为主的肉牛产业带，以中原、西北牧区、西南地区以及内蒙古东中部及河北北部为主的肉羊产业带，以东部省份为主的禽肉产业带和以东北、河北、河南等中原省份为主的禽蛋产业带，以东北、华北及京津沪等城市郊区为主的奶产业带。畜牧业内部结构进一步优化，草食畜牧业快速发展。肉蛋奶产品结构中，肉类比重从 1978 年的 72.1% 下降到 2009 年的 54.2%，奶类比重则由 8.2% 提高到 26.4%。在肉类结构中，牛、羊肉的比重由 1978 年的 2.2% 和 3.6% 分别上升到 8.3% 和 5.1%，猪肉比重则由 94.3% 下降到 63.9%。在结构优化过程中，节粮型畜牧业发展成为一大亮点，尤其是南方石漠化地区种草养畜发展加快，牛羊肉产量逐年增加。

### (二) 资金投入水平

要根据自己的经济实力来决定养殖品种及养殖规模。有的需要资金较多，如波尔山羊、奶牛、肉牛等，有的不需要很多的资金，如鸡、兔等。养殖户开始投入大量资金，因后续资金跟不上而导致失败的也不少，需稳妥发展才好。在投资之前，要充分做好项目投资预算。以存栏 50 头母猪场为例：母猪 50 头，公猪 3 头，年上市商品猪 900 头，其总投资 46.8856 万元。

### (三) 市场需求

选项目时要看市场行情和发展前景，进行经济分析和成本核算。也就是说，所养的对象吃什么料，饲料价格多少，料肉比如何。以养猪为例，在一般情况下，育肥一头猪料肉比为3.5∶1，每千克饲料1.4元左右，再加上工人工资及其他开支，增重1千克毛猪约需支出6元左右，如果毛猪的价格每千克低于6元，养猪效益则为负数。

### （四）敢于冒险意识

创业不同于就业，它是一种高风险、高收益的投资行为，创业成功后的巨额收入可以说是创业者所承担高风险的回报。那种不想承担风险就能致富的创业行为基本上是不存在的。因而，对于创业者来说，想致富就得敢于冒险。搞养殖不要抓住一根稻草不放，也不能见利蜂拥而上，遇到低潮就一哄而下。要走在别人前头，走在市场前头。在实践中有些人想通过结构调整增加收入，但因过于求稳，怕冒风险，只顾眼前利益，始终走不出大步子，总习惯于跟风跑，别人去年养兔赚钱，你今年就去养兔，别人今年养鹌鹑致富，你明年也养鹌鹑，这种马后炮的做法，使一些渴望致富的人却迟迟致不了富。应该在选准一个项目时，研究透彻后，就不要等待观望，该出手时就出手。但也不能打无准备的仗，未了解清楚的项目，也不要涉足。

## 六、正确的心态

畜牧业发展到今天，潮起潮落已成为市场规律。低潮过去是另一重天，养殖户面对的最大的考验就是低潮时期能否赔得起？能不能坚持住？因为只有赔得起才能赚得起。这不是生产力问题，关键是资金运作问题。搞养殖还要学会运作市场，跳出万事不求人的思路，要有合作意识，只有合作才有出路。合作就是找依托，如协会、龙头企业、合作经济组织等，与大的屠宰加工厂、大市场挂钩，把分散的养殖场、资金联合起来共同面对市场。例如养殖协会，农民可拿出自己准备建场的钱入股一起建标准化养殖场，协会统一雇人生产经营，农民可以由饲养员变为股东，到时按股分红，也可以到养殖场当饲养员成为企业工人。合作、联合将是畜牧业发展的一个大趋势，只有大联合才能形成大规模，抵御大风险，创造大效益。

# 模块二　动物营养与饲料

## 一、动物营养基础知识

### （一）蛋白质营养

氨基酸是组成蛋白质的基本单位，单胃动物的蛋白质营养实质上就是氨基酸营养。

**1. 必需氨基酸**

必需氨基酸是动物自身不能合成或合成的量不能满足动物需要，必须由饲料提供的氨基酸。在动物体内合成完全可以满足需要的氨基酸成为非必需氨基酸。在一定条件下能被代替或部分节省的氨基酸被称为半必需氨基酸。在特定的情况下，必须由饲粮提供的氨基酸，称为条件性必需氨基酸，如猪在生长早期只能合成部分所需的精氨酸，还需日粮提高部分精氨酸才能达到理想的生产性能。

**2. 限制性氨基酸**

限制性氨基酸是指一定饲料或饲粮所含必需氨基酸的量与动物所需的蛋白质必需氨基酸的量相比，比值偏低的氨基酸。由于这些氨基酸的不足，限制了动物对其他必需和非必需氨基酸的利用。

**3. 饲粮中氨基酸平衡**

氨基酸在组成和比例上与动物所需蛋白质的氨基酸的组成和比例一致的蛋白质称为理想蛋白质，理想蛋白中氨基酸的组成比例模式，就称为理想氨基酸平衡模式。

在实际生产中，常用饲料的蛋白质中必需氨基酸含量和比例与动物需要相比，大多不够理想，可能有一种或几种氨基酸含量不能满足动物的需要，称为氨基酸缺乏。氨基酸缺乏会抑制动物生长发育，降低动物的生产性能，可导致饲粮蛋白质利用率低，氮的排泄量大。在实际生产中，饲粮的氨基酸不平衡一般都同时存在氨基酸的缺乏。

### 4. 非蛋白含氮物

非蛋白含氮物（如尿素）对动物本身无营养作用，但反刍动物瘤胃中微生物可以利用非蛋白含氮物合成微生物蛋白。微生物蛋白进入反刍动物的小肠可提供所需的必需氨基酸和非必需氨基酸。因此，在一定程度上，给反刍动物提供非蛋白含氮物可以与提供昂贵的蛋白质具有同样的营养效果。

## （二）碳水化合物营养

碳水化合物在动物体内具有供能贮能作用。葡萄糖是供给动物代谢活动快速应变需能的最有效的营养素。葡萄糖是大脑神经系统、肌肉、脂肪组织、胎儿生长发育、乳腺等代谢的主要能源。体内代谢活动需要的葡萄糖来源包括胃肠道吸收和体内生糖物质转化。碳水化合物除了直接氧化供能外，也可以转变成糖原和脂肪贮存，还可以参与动物产品形成，如葡萄糖合成乳中的乳糖。

## （三）脂类营养

脂类参与动物机体组织的构成，特别是磷脂和糖脂是细胞膜的重要组成成分。脂类是动物体内重要的储能和供能物质。饲料中的脂肪作为功能物质，热增耗降低，具有额外能量效应。这两种脂类还可以作为脂溶性营养素的溶剂促进脂溶性物质的消化吸收。

## （四）能量营养

动物的所有活动，如呼吸、心跳、血液循环、肌肉活动、神经活动、生长、生产产品和使役等都需要能量。动物所需的能量主要来自饲料中碳水化合物、脂肪和蛋白质三大有机营养物质所含的化学能。动物的种类、性别、品系、年龄、生产性能以及环境因素会影响动物对能量的需要量。

## （五）矿物元素的营养

矿物质是一类无机营养物质，存在于动物体的各种组织中，广泛参与体内各种代谢过程，在机体生命活动过程中起着十分重要的调节作用，尽管占体重很小，但缺乏时动物生长或生产受阻，甚至死亡。必需矿物质元素必须由饲粮或饮水中供给，当供给不足或缺乏时可引起生理功能和结构异常，并导致缺乏症的发生，补给相应的元素，缺乏症即可消失。现今已知，动物的必需矿物质元素有钙、磷、钠、钾、氯、镁、硫、铁、铜、锰、锌、碘、硒、钼、钴、铬、氟、硅、硼等19种。前7种元素在动物体内含量高于0.01%，被称为常量元素；后12种在动物体内含量低于0.01%，被称为微量元素。

主要微量元素有如下种类。

（1）铁。主要参与血红蛋白和肌红蛋白的组成，起运载氧的作用。

（2）锌。作为必需微量元素主要参与体内酶的组成，起着催化分解、合成和稳定酶蛋白质四级结构和调节酶活性等多种生化作用。

（3）铜。作为金属酶组成部分直接参与体内代谢；铜维持铁的正常代谢，有利于血红蛋白合成和红细胞成熟；此外，铜还参与骨的形成，铜是骨细胞、胶原和弹性蛋白形成不可缺少的元素。

（4）锰。锰的主要营养生理作用是在碳水化合物、脂类、蛋白质和胆固醇代谢中作为酶活化因子或组成部分。此外，锰也是维持大脑正常代谢功能必不可少的物质。

（5）硒。硒最重要的营养生理作用是参与谷胱甘肽过氧化物酶的组成，对体内氢或脂过氧化物有较强的还原作用，保护细胞膜结构完整和功能正常。

（6）碘。作为必需微量元素最主要功能是参与甲状腺组成，调节体内几乎所有的代谢。动物缺碘，因甲状腺细胞代偿性实质增生而表现肿大，生长受阻，繁殖力下降。妊娠动物缺碘可导致胎儿死亡和重吸收，产死胎（如猪、羊）或新生胎儿无毛（猪、牛、羊）、体弱、重量轻、生长慢和成活率低。

（7）钴。体内钴的营养代谢作用，实质上是维生素 $B_{12}$ 的代谢作用。反刍动物体内丙酸生糖过程需要的催化酶必须有维生素 $B_{12}$ 参加才有活力。维生素 $B_{12}$ 也是某些氮代谢的重要因素。反刍动物缺钴表现为食欲差、生长慢或失重、严重消瘦、异食癖和极度贫血死亡。亚临床缺钴，一般表现为生长不良、产奶量下降、初生幼畜体弱和成活率低等。

### （六）维生素营养

维生素可保证细胞结构和功能的正常，为动物机体组织健康、正常生长发育和生产所必需，主要以辅酶和催化剂的形式参与体内物质代谢过程中的生化反应。动物机体不能自身合成维生素，一般必须由饲粮提供。目前，已确定的维生素有 14 种，按其溶解性可分为脂溶性维生素和水溶性维生素两大类。

**1. 脂溶性维生素**

（1）维生素 A。是维持一切上皮组织健全所必需的物质。

（2）维生素 D。最基本的功能是促进肠道钙磷的吸收，提高血液钙和磷的水平，促进骨的钙化。

（3）维生素 E。在动物体内的存在形式是 α－生育酚。维生素 E 主要作为生物抗氧化剂防止细胞膜中脂质过氧化，维护生物膜的完整性。

（4）维生素 K。在动物体内主要用于凝血酶原的活化而参与凝血过程。

**2. 水溶性维生素**

（1）维生素 $B_1$（硫胺素）。是能量代谢过程中重要的辅酶（羧化辅酶），参与 $\alpha$ – 酮酸的氧化脱羧，生成乙酰辅酶 A 而进入糖代谢和三羧酸循环。

（2）维生素 $B_2$（核黄素）。在动物体内以辅酶 FMN 和 FAD 的形式与特定的酶蛋白结合形成多种黄素蛋白酶，进而参与机体碳水化合物、脂肪和蛋白质的代谢。

（3）烟酸（尼克酸、维生素 PP）。动物体内的烟酸主要通过辅酶Ⅰ和辅酶Ⅱ的形式参与碳水化合物、脂类和蛋白质的代谢，尤其在体内供能代谢的反应中起重要作用。

（4）维生素 $B_6$。是吡哆醇、吡哆醛、吡哆胺的统称，三者的生物活性相同。

（5）泛酸（遍多酸）。泛酸是两个重要辅酶，即辅酶 A 和脂酰基载体蛋白质（ACP）的组成成分。辅酶 A 是碳水化合物、脂肪和氨基酸代谢中许多乙酰化反应的重要辅酶，在细胞内的许多反应中起重要作用。

（6）生物素。在动物体内以辅酶的形式广泛参与碳水化合物、脂肪和蛋白质的代谢。动物生物素缺乏的症状一般表现为生长不良，皮炎以及被毛脱落。

（7）叶酸。是动物体代谢过程中一碳单位转移中必不可少的成分，通过一碳单位的转移而参与嘌呤、嘧啶、胆碱的合成和某些氨基酸的代谢。

（8）胆碱。主要参与卵磷脂和神经磷脂的形成，卵磷脂是细胞膜的主要成分，在肝脏脂肪的代谢中起重要作用，能防止脂肪肝的形成。

（9）维生素 C（抗坏血酸）。由于维生素 C 具有可逆的氧化性和还原性，所以它广泛参与机体的多种生化反应，其最主要的功能是参与胶原蛋白质合成。

# 二、饲料原料及营养特性

## （一）粗饲料

粗饲料是指天然水分在 45% 以下，绝干物质中粗纤维含量在 18% 以上的一类饲料，主要包括干草类、农副产品类、树叶类、糟渣类和某些草籽树实类。这类饲料的主要特点是体积大、难消化、可利用养分少及营养价值低，尤其是收割较迟的劣质干草和秸秆秕壳类。

### 1. 青干草与草粉

青干草是将牧草及禾谷类作物在质量和产量最好的时期刈割，经自然或人工干燥调制成长期保存的饲草。其中，粗蛋白含量平均在 7% ~ 17%，个别豆科牧草可以高达 20% 以上；粗纤维含量高，大约在 20% ~ 35%；矿物元素含量丰富，一些豆科牧草中的钙含量超过 1%，足以满足一般家畜需要，禾本科牧草中的钙也比谷类籽实高；维生素 D 含量达 16 ~ 150mg/kg，胡萝卜素含量为 5 ~ 40mg/kg。青干草可常年供家畜饲用，是家畜冬季和早春不可少的饲草。

草粉在国外被当作维生素蛋白饲料，是配合饲料的一种重要成分，年饲喂量很大。草粉按其所含养分不次于麸皮，按可消化粗蛋白质含量计，优于燕麦、大麦、高粱、玉米和其他精料。其中常用的草粉原料主要有紫花苜蓿、三叶草等优质豆科牧草以及豆科与禾本科混播的牧草。

### 2. 农副产品类和糟渣类饲料

秸秆和秕壳是农作物脱谷收获籽实后所得的副产品，大多数农区有相当多数量的秸、秕用作饲料。这类饲料的主要特点是粗纤维含量很高，可达30%～45%，因而容积大，适口性差，消化率低，有效能值低；蛋白质含量低，一般为2%～8%，且蛋白质品质差，缺乏限制性氨基酸；粗灰分比例较大，利用率低；维生素含量极低。因此，这类饲料一般只适于饲喂反刍动物及其他草食动物，而不宜用于喂养单胃动物和禽类。常用的这类饲料原料主要有稻草、玉米秸、麦秸、豆秸、谷草以及稻壳、小麦壳、大麦壳等。

### 3. 树叶和其他饲用林产品

大多数树木的叶子（包括青叶和秋后落叶）及其嫩枝和果实均可用作畜禽饲料。有些优质青树叶还是畜、禽很好的蛋白质和维生素饲料来源，如紫穗槐、洋槐和银合欢等树叶。树叶虽是粗饲料，但营养价值远优于秸秕类。青干叶经粉碎后制成叶粉，可以代替部分精料喂猪、鸡、鱼，还能改善畜产品外观和风味。仔猪日粮中可加5%紫穗槐叶粉，架子猪日粮中添加10%，笼养鸡日粮中添加量应控制在5%以下。松针叶粉也是非常好的饲料。但有些树叶中含有单宁，有涩味，家畜不喜吃食，必须加工调制（发酵或青贮）再喂。有的树木有剧毒，如夹竹桃等，要严禁饲喂。

### （二）青绿饲料

青绿饲料是天然水分含量高于60%，富含叶绿素，处于青绿状态的一类饲料，主要包括天然牧草、人工栽培牧草、青饲作物、叶菜类饲料、树枝树叶及水生植物等。

我国青绿饲料资源丰富，种类繁多，其营养特性主要表现为含水量高，能量低。粗纤维含量少，幼嫩多汁，适口性好，而且消化率较高。粗蛋白质含量高，一般占干物质重的10%～20%，而且粗蛋白质品质极好，含必需氨基酸比较全面，生物学价值高。矿物质含量高，占饲料鲜重的1.5%～2.5%，是畜禽矿物质的良好来源。总之，青绿饲料对于畜禽来说是一种营养相对平衡的饲料，是反刍家畜和草食家畜的主要饲料之一。

青绿饲料虽然有以上优点，但其营养特性受植物种类、生长阶段、植物部位及土壤肥料等多种因素影响而有较大差异，因此在生产中只有通过适时收割、适时替代、合理调制及精细采集等措施，并结合动物生理特点，科学合理应用，才能获得较高的生产性能。

### （三）青贮饲料

青贮饲料是指将新鲜的青绿饲料切短装入密封容器里，经过微生物发酵作用，制成一种具有特殊芳香气味、营养丰富的多汁饲料。青绿饲料是一种营养价值完善、适口性好、易于消化的饲料，它富含水分、多种维生素、矿物质和品质优良的粗蛋白，将它青贮可以很好地保存其良好的营养特性，又是青绿饲料在冬季延续利用的一种形式。

目前，常用的青贮方法有一般青贮、半干青贮、混贮和添加剂青贮等。一般青贮原理为青贮原料在厌氧的环境中，可使乳酸菌大量繁殖，将青贮原料中的淀粉和可溶性糖类变成乳酸，当乳酸达到一定浓度时，便可抑制有害微生物的生长，从而达到长期保存饲料的目的。因此，青贮的成败，主要决定于乳酸发酵的程度。半干青贮和添加剂青贮可以扩大饲料原料，提高青贮的成功率，获得营养价值更高的青贮饲料。

青贮饲料一般经过 40～50 天即可开窖饲用。一旦开窖，就得天天取用，防雨淋或冻结。取用时应逐层或逐段，从上往下分层利用，每天按畜禽实际采食量取出，切勿全面打开或掏洞取用，尽量减少与空气的接触，以防霉烂变质。已经发霉的青贮饲料不能饲用。结冰的青贮饲料慎喂动物，以免引起消化道疾病或母畜流产。另外，青贮饲料尽管品质优良，但绝不是动物唯一的饲料，因此，在饲喂时应与干草、秸秆和精料类搭配使用。开始

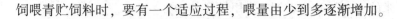

饲喂青贮饲料时，要有一个适应过程，喂量由少到多逐渐增加。

### （四）能量饲料

能量饲料是指在绝干物质中粗纤维含量小于18%，粗蛋白质含量低于20%的一类饲料，包括谷实类、糠麸类、块根块茎瓜果类和其他类（如油脂、糖蜜、乳清粉等）。这类饲料在动物饲粮中所占比例最大，一般为50%～70%，对动物主要起着供能作用。

### 1. 谷实类

谷实类饲料是指禾本科作物的籽实。其突出特点是富含无氮浸出物，一般在70%以上；粗纤维含量少，多在5%以内；粗蛋白含量一般不及10%，且蛋白质的品质较差，缺乏赖氨酸和蛋氨酸等；钙少磷多，但磷多以植酸盐形式存在；维生素E、维生素$B_1$较丰富，但维生素C、维生素D贫乏；适口性好，消化率高，因而有效能值也高。正是由于上述营养特点，谷实是动物的最主要的能量饲料。

（1）玉米。号称饲料之王。它在谷实类饲料中含可利用能量最高，含代谢能约13.56MJ/kg，是畜禽饲料中最常用的原料。

（2）高粱。高粱中含能量与玉米相近，但含有较多的单宁，使味道发涩，适口性差，饲喂过量还会引起便秘。一般在饲粮中用量不超过10%～15%。

（3）大麦。是猪的优质饲料。大麦含粗纤维高，能量较低，粗蛋白质含量12%左右，蛋白质品质好，赖氨酸含量比玉米高1倍以上，含脂肪2%左右。在产蛋鸡饲粮中含量不宜超过15%，雏鸡应控制在全饲料量的5%以下。

（4）小麦。与玉米相比，含代谢能稍低一些，约12.72MJ/kg，但粗蛋白质含量高，约15.9%左右，脂肪含量低，约1.7%左右。小麦适口性好，而且又具黏性，是鱼类能量饲料的首选饲料。小麦也可作猪和牛羊的能量饲料，但对鸡的饲用价值约为玉米的90%。小麦在饲粮中用量可占10%~30%。

（5）稻谷。南方产稻区可采用稻谷喂猪，稻谷含淀粉多，稻谷的外壳由坚实的粗纤维组成，粗纤维含量高达10%左右，所以能量较低，与大麦的能量近似，为玉米的85%，将外壳分出的糙米则能量高。用稻谷喂猪可获得良好的胴体。

（6）碎米。加工大米筛下的碎粒。含能量、粗蛋白质、蛋氨酸、赖氨酸等与玉米相近，而且适口性好，是鸡良好的能量饲料，一般在饲粮中用量可占30%~50%或更多一些。

### 2. 糠麸类

糠麸类饲料是谷物加工副产品，主要有米糠、麦麸、高粱糠、谷糠和次粉等。这类饲料与谷实类相比粗纤维含量高，淀粉少，因此能量低，蛋白质含量高，矿物质中钙低磷高，B族维生素多。由于加工方式不同，饲料中营养物质含量差异很大。

（1）次粉。是小麦加工成面粉时的副产品，为胚芽、部分碎麸和粗粉的混合物。其含代谢能12.51MJ/kg左右，粗蛋白质13.6%左右。影响次粉质量的因素为杂质含量及含水量，发霉、结块的次粉不能使用。

（2）小麦麸。是生产面粉的副产物。由于粗纤维含量高，代谢能含量就很低，只有6.82MJ/kg左右，粗蛋白质15.7%左右。小麦麸结构蓬松，有轻泻性，在日粮中的比例不宜太多。

（3）米糠。是糙米加工成白米时的副产物。含代谢能11.21MJ/kg左右，粗蛋白质14.7%左右，米糠中含油量很高，可达16.5%。故久贮易变质。因此，必须用新鲜米糠配料。一般在饲粮中米糠用量可占5%~10%。

（4）统糠。是由稻壳粉和少量米糠混合而成，但不宜喂特禽。

### 3. 块根块茎瓜果类

包括甘薯、木薯、南瓜、甜菜、萝卜、胡萝卜、马铃薯等。

这类饲料不经脱水加工，则影响畜禽采食营养总量，饲喂效果不好。在经加工脱水后的风干物质中，含淀粉较多，能值高，且适口性比较好，但其蛋白质（包括氨基酸）、维生素及矿物质含量低，饲喂效果也不及其他能量饲料。因此，这类饲料在饲粮中含量不宜过高，应控制含量在10%以下。

**4. 其他加工副产品**

（1）油脂。含能量高，其发热量为碳水化合物或蛋白质的2.25倍。油脂可分为植物油和动物油两类，植物油吸收率高于动物油。为提高饲粮的能量水平，可添加一定量的油脂。

（2）糖蜜。是甘蔗和甜菜制糖的副产品。糖蜜中仍残留大量蔗糖，含有相当多的有机物和无机盐，还含有20%～30%水分。干物质中粗蛋白含量很低，为4%～10%。糖蜜的灰分较高，占干物质的8%～10%。糖蜜具有甜味，对各种畜禽适口性均好，但糖蜜具有轻泻性，日粮中糖蜜量大时，粪便发黑变稀。

（3）乳清。是乳品加工工厂生产乳制品后的液体副产品。主要成分是乳糖，残留的乳清蛋白和乳脂所占比例很少。乳清含水量大，不适合直接作为配合饲料原料。乳清经喷雾干燥后得到的乳清粉则是哺乳期幼畜的良好调养饲料，成为代乳料中不可缺少的部分。

**（五）蛋白质饲料**

蛋白质饲料是指干物质中粗纤维含量小于18%、粗蛋白质含量大于或等于20%的一类饲料，主要包括植物性蛋白质饲料、动物性蛋白质饲料、单细胞蛋白质饲料和非蛋白氮饲料。

**1. 植物性蛋白质饲料**

（1）豆类籽实。包括大豆、豌豆、蚕豆等，现在一般以食用为主，少量全脂大豆经加热或膨化用在高热能饲料和颗粒饲料中。

（2）饼粕类饲料。是含油多的籽实经过脱油以后留下来的副产品。由于脱油方法的不同，所得副产品的名称不同，产品中所含营养成分的多少也不相同。油料籽实经压榨法脱油后的副产品为饼，饼中油脂残留量较高，多在 4% 以上，而其他营养物质含量相对略低；油料籽实经浸提脱油后的副产品为粕，粕中残留的油脂很少，一般为 1% 左右。

目前，常用的饼粕类饲料很多，主要有大豆饼粕、菜籽饼粕、棉籽饼粕、花生饼粕等。

①大豆饼粕。是我国最常用的一种植物性蛋白质饲料，营养价值较高，如蛋白质含量为 40%～45%，去皮豆粕高达 49%；代谢能也很高，达 10.5MJ/kg 以上。适口性较好，各种动物都喜欢采食，在畜禽日粮中一般用量为 10%～30%。氨基酸不平衡，缺乏蛋氨酸，饲喂动物时注意补加。生大豆饼粕含有抗营养物质（如抗胰蛋白酶、甲状腺肿因子、皂素、凝集素等），它们影响豆类饼粕的营养价值。因此，大豆饼粕作为饲料原料必须经过充分的加热处理。

②棉籽饼粕。是棉花籽实脱油后的副产品，含蛋白质 40% 以上，代谢能 10MJ/kg 左右。主要特点为氨基酸不平衡，赖氨酸和蛋氨酸不足，精氨酸过高。富含游离棉酚，不利动物生长，使用时应注意脱毒处理和限量添加，如使用未脱毒的棉籽饼粕时，肉鸡饲粮添加量为 10%～20%，蛋鸡饲粮中用量不得超过 5%，肉猪饲粮 10%～20%，母猪 3%～5%，若游离棉酚高于 0.05%，这时应谨慎使用。

③菜籽饼粕。可利用能量水平较低，适口性也差，不宜作为单胃动物的唯一蛋白质饲料。其中蛋白质含量约为 34%～38%，品质较好，氨基酸平衡，精氨酸与赖氨酸的比例适宜，是一种良好的氨基酸平衡饲料。粗纤维含量较高，为 12%～13%，有效能值较低。碳水化合物为不易消化的淀粉，雏鸡不能利用。此外，菜籽饼粕中含有硫葡萄糖甙、芥酸和异硫氰酸盐等有毒成分，一

般在单胃动物及禽类日粮中应限量饲喂，用量一般不超过10%，幼龄动物用量更少。

④其他饼粕类饲料。花生饼粕、亚麻仁饼粕、葵花籽饼粕、芝麻饼粕等，经过适当加工处理，在畜禽生产中也经常应用。

⑤其他植物性蛋白质饲料。玉米蛋白粉、豆腐渣、酱油渣、醋渣、粉丝蛋白、浓缩叶蛋白等营养价值参考其他相关书籍。

**2. 动物性蛋白质饲料**

动物性蛋白质饲料主要是指水产、畜禽加工、缫丝及乳品业等加工副产品。该类饲料主要包括鱼粉、血粉、肉粉、肉骨粉、羽毛粉、皮革粉、蚕蛹等，其营养特点是蛋白质含量高（40% ~ 85%），氨基酸组成比较平衡，并含有促进动物生长的动物性蛋白因子；碳水化合物含量低，不含粗纤维；粗灰分含量高，钙、磷含量丰富，比例适宜；维生素含量丰富（特别维生素 $B_2$ 和维生素 $B_{12}$）；脂肪含量较高，但易氧化酸败，不宜长时间贮藏。下面重点介绍几种常用的蛋白饲料。

（1）鱼粉。用一种或多种鱼类为原料，经去油、脱水、粉碎加工后的高蛋白质饲料，一般分为进口鱼粉和国产鱼粉，但各类鱼粉因原料和加工条件不同，各种营养素含量差异很大。由于鱼粉含盐量高，易吸潮，有利于细菌、霉菌和酵母的繁殖，引起温度上升，常结块发霉甚至自燃。因此，在使用中要严把质量关。

（2）血粉。是用新鲜、干净的动物血制成的一种高蛋白饲料，血粉中氨基酸不平衡，赖氨酸含量很高，而异亮氨酸、蛋氨酸不足，使用时应引起重视。此外，血粉适口性不好，使用时需限量，一般在动物日粮中不超过3% ~ 4%。

（3）肉粉与肉骨粉。屠宰场或肉制品厂的肉屑、碎肉等处理后制成的饲料叫肉粉，如果连骨头带肉一起为主要原料则叫肉骨粉。我国生产的肉粉与肉骨粉中还包括动物的内脏、胚胎、非传染病死亡的动物胴体等，但不应含有毛发、蹄壳及动物的胃肠内容物。

（4）其他动物性蛋白质饲料。如羽毛粉、皮革粉、蚕蛹、乳（初乳、常乳、乳粉）、昆虫粉、蚯蚓粉等，营养价值可参考其他书籍。

### 3. 单细胞蛋白质饲料

单细胞蛋白质饲料也叫微生物蛋白质饲料，是由各种微生物体制成的一类饲料。目前可用作饲料的单细胞微生物主要有酵母、真菌、藻类及非病原性细菌4大类。此类饲料蛋白质含量高（30%~70%），品质好，且富含B族维生素（不含 $B_{12}$）；同时，这类饲料具有原料丰富、生产简单、不受气候条件限制等优点，因此在畜禽日粮中广泛应用。但有些单细胞蛋白质饲料，如酵母，味苦，适口性不好，特别是牛不喜欢采食，用量一般为2%~3%，最高不超过日粮的10%。

### 4. 非蛋白氮饲料

凡含氮的非蛋白可饲物质均可称为非蛋白氮饲料，包括饲料用的尿素、双缩脲、氨、铵盐及其他合成的简单含氮化合物。作为简单的纯化合物质，非蛋白氮对动物不能提供能量，其作用只是供给瘤胃微生物合成蛋白质所需的氮源，以节省饲料蛋白质。因为反刍动物的瘤胃内存在着大量的微生物，这些微生物可以利用非蛋白氮而形成菌体蛋白，最后菌体蛋白被反刍动物利用。目前世界各国大都用非蛋白氮作为反刍动物蛋白质营养的补充来源，效果显著。

### （六）矿物质饲料

矿物质饲料主要是补充动物所需要的常量矿物质元素的一类饲料，包括人工合成的、天然单一的和多种混合的矿物质饲料。

### 1. 钙源和磷源

（1）钙源。

①石粉。主要指石灰石粉，是一种廉价的钙质补充料，含钙

量为33%～39%。根据石粉颗粒大小，可将其分为轻质碳酸钙和重质碳酸钙。因钙盐中常含有铅等杂质，所以未经处理不宜使用。

②贝壳粉。将贝类外壳经烘干粉碎而成的粉状或颗粒状补钙饲料，含钙量为32%～36%，是丰富的补钙资源。贝壳粉一般常用于蛋鸡、种鸡饲料中效果较好，可提高蛋壳强度，减少破软蛋率。

③蛋壳粉。是由蛋壳和蛋壳膜经加热干燥而成，含钙量为30%～40%。新鲜蛋壳制粉时应注意严格消毒，以保证产品质量。

（2）钙及磷源。

①骨粉。以动物骨骼加工而成，分为蒸骨粉、骨炭、骨灰、骨质磷酸盐等。骨粉含氟量低，只要杀菌消毒彻底，便可安全使用。

②磷酸盐。磷酸钙、磷酸氢钙及磷酸二氢钙等是目前常用的磷酸盐，其中最常用的是磷酸氢钙。但这类磷酸盐中常含有氟和砷等杂质，未经处理不宜使用。

**2. 钠源**

（1）氯化钠。又称食盐，添加的目的是补充植物性饲料中钠、氯离子的不足，保持动物体的生理平衡。此外，食盐还可以改善口味，增进食欲，促进消化。

（2）碳酸氢钠。又称小苏打，在蛋鸡饲粮中添加，不但可以为蛋鸡补充生产所需的钠、氯离子，而且还可缓解热应激，改善蛋壳质量；另外碳酸氢钠还是一种缓冲剂，保证瘤胃的正常功能。

（3）其他钠盐。碳酸钠、硫酸钠、乙酸钠、丙酸钠等均可为动物提供一定量的钠源。

**3. 镁源**

（1）氧化镁。是一种较好的镁源，也是应用最广泛的镁源，它的生物学价值高，物理特性好，价格也较便宜。含镁量为60.3%。

（2）其他镁源。硫酸镁、碳酸镁、氯化镁、醋酸镁和柠檬酸镁等均可为反刍动物提供一定量的镁源。

**4. 硫源**

在反刍动物饲粮中使用非蛋白氮时，通常需要添加硫。常用的硫源为硫酸盐类和硫磺粉，硫的补充量一般不超过日粮干物质的0.5%，高产奶牛饲粮以添加0.23%~0.26%为宜。

**（七）饲料添加剂**

饲料添加剂是指为补充畜禽营养，防止饲料品质下降，提高饲料中营养成分的利用，保持并增进健康和生长等而在配合饲料中添加的少量或者微量的营养或非营养成分，是配合饲料的核心，其质与量直接影响畜禽的生产性能。饲料添加剂可以分为营养性和非营养性两大类，营养性添加剂包括氨基酸、维生素、矿物质和微量元素等；非营养性添加剂包括生长促进剂、驱虫保健剂、饲料保存剂和品质改善剂以及其他添加剂等。

**1. 营养性添加剂**

营养性饲料添加剂是根据动物饲养标准，补充饲料原料中缺乏或不足养分的少量或者微量物质，它主要用于平衡畜禽日粮的营养。包括：

（1）氨基酸添加剂。目的是为了补充配合饲料中相应氨基酸的不足。氨基酸添加剂形式目前主要有固态和液态两种。

（2）微量元素添加剂。是为了满足畜禽对各种微量元素的需要而在基础日粮中添加的短缺成分，主要包括铜、碘、锰、硒、钴等。

（3）维生素添加剂。目前作为维生素的添加剂有维生素A、维生素D、维生素E、维生素K及硫胺素、钴铵素、泛酸、叶酸、烟酸等。

**2. 非营养性添加剂**

非营养性添加剂是指为保证或者改善饲料品质、提高饲料利用率而掺入饲料中的少量或者微量物质。包括:

(1) 生长促进剂。主要作用是刺激禽畜的生长,增进禽畜的健康,改善饲料的利用效率,提高生产能力,节省饲料成本。

(2) 驱虫保健剂。主要有两类,一类是抗球虫剂,一类是驱蠕虫剂。抗球虫剂主要用于家禽和家兔;驱蠕虫剂主要用来驱除动物消化道内蠕虫。蠕虫种类很多,驱虫药也很多。目前效果最好的是属于氨基糖苷类抗生素的潮霉素 B 和越霉素 A。

(3) 饲料保存剂。可有效避免或缓解饲料储存过程中的氧化、霉菌污染、适口性下降,以及因此产生的饲料营养价值降低和毒素对家禽健康的危害。主要包括抗氧化剂和防霉剂。如乙氧基喹啉、丁基化羟基甲苯、五倍子酸酯及抗坏血酸等为常用的抗氧化剂,其添加量为 0.01% ~ 0.05%。常用的防霉剂主要是丙酸钠。

(4) 其他添加剂。有着色剂、调味剂以及饲料加工中常用的流散剂和黏合剂等。

# 模块三 养猪与猪病防治技术

## 一、猪的品种与杂种优势利用

### （一）猪的品种

猪种是养猪生产的基础。优良品种的猪一般都具有生长快、饲料报酬高、饲养成本低、经济效益大等优势。为了办好养猪生产，获得较高的经济效益，必须根据各地的自然、经济、畜舍等条件、市场需求和不同品种猪的饲养管理要求，进行合理选择和利用。

### 1. 引进品种

（1）长白猪。长白猪原名为兰德瑞斯，原产于丹麦。目前是我国引入最多的国外猪种。其全身被毛白色，头小清秀，颜面平直。耳向前倾略下耷。大腿和整个后躯肌肉丰满，蹄质坚实，中躯长，有16对肋骨，体躯呈流线型。乳头6~7对。见图3-1。

图3-1 长白猪

长白猪生长速度快，6月龄体重可达90kg以上。屠宰率

69%~75%，胴体瘦肉率65%。长白猪性成熟较晚，6月龄开始出现性行为，9~10月龄体重达120kg左右开始配种。初产母猪产仔数10~11头，经产母猪产仔数11~12头。各地用长白猪做父本与本地母猪开展二元或三元杂交，均有较好的杂交效果，也可用作母本生产瘦肉型猪。

（2）大白猪。大白猪又称为大约克夏猪，原产于英国，是世界上著名的瘦肉型猪种。其体格大，体形匀称，被毛全白，颜面微凹，耳大直立，背腰多微弓，腹充实而紧，臀宽长，后躯发育良好，四肢较高。乳头7对以上，见图3-2。

**图3-2 大白猪**

大白猪增重快，6月龄体重可达100kg左右。屠宰率高，胴体瘦肉率达60%~65%。大白猪的繁殖性能较高，经产母猪产仔10~12头，产活仔数10头左右。母猪泌乳性能较好，哺育率较高。大白猪是目前世界养猪业应用最普遍的猪种，作为父系和母系，应用于杂交生产和配套生产体系都有良好的表现，在欧洲被誉为"全能品种"。

（3）杜洛克猪。杜洛克猪原产于美国，是当代世界著名瘦肉型猪品种。其体型大，被毛红色，从金黄色到暗棕色深浅不一，樱桃红色最受欢迎。耳中等大小，向前倾，颜面微凹，体躯深广，肌肉丰满，四肢强健，见图3-3。

杜洛克猪生长速度快，6月龄体重可达90kg。但杜洛克猪产仔数不高，平均产仔数9~10头。母性好，断奶存活率较高。在

图3-3 杜洛克猪

杂交利用中一般作为父本，与我国地方猪种进行两品种杂交，一代杂种猪日增重可达500～600g，胴体瘦肉率50%左右。在三元杂交中多作终端父本，具有较好的杂种优势。

**2. 我国优良的地方品种**

（1）太湖猪。太湖猪原产于长江下游太湖流域的沿江沿海地带。按照体型外貌和性能上的差异，太湖猪可以划分成几个地方类群：二花脸猪、枫泾猪、梅山猪、嘉兴黑猪等。太湖猪的体型中等，头大额宽，额部皱褶多、深，耳特大、软而下垂，形似大蒲扇。全身被毛黑色或青灰色，毛稀疏或丛密，腹部皮肤多呈紫红色，也有鼻吻白色或尾尖白色的，见图3-4。

图3-4 太湖猪

太湖猪是全世界猪品种中繁殖力最高、产仔数最多的品种，享有"国宝"之誉。由于太湖猪具有高繁殖力，世界许多国家都引入太湖猪与其本国猪种进行杂交，以提高其本国猪种的繁殖力。

（2）民猪。民猪原产于东北和华北部分地区。其头中等大，面直长，耳大下垂。体躯扁平，背腰狭窄，臀部倾斜，四肢粗壮。全身被毛黑色，毛密而长，猪鬃发达，冬季密生绒毛，见图3-5。

图3-5　民猪

（3）金华猪。金华猪产于浙江省金华地区的义乌、东阳和金华3个县。金华猪体型中等偏小，毛色除头颈、臀部、尾巴为黑色外，其余均为白色，故有"两头乌"之称。在黑白交界处有黑皮白毛的"晕带"。耳中等大小、下垂，额上有皱纹，颈粗短，背稍凹，腹大微下垂，臀较倾斜，四肢较短，蹄坚实，皮薄毛稀，见图3-6。

图3-6　金华猪

（4）小香猪。小香猪是我国小体型地方猪种。中心产区在贵州省三都县、广西壮族自治区环江县等地。由于肉质香嫩，哺乳仔猪或断奶仔猪宰食时，无奶腥味，故被誉之为香猪。香猪头较直；耳小而薄，略向两侧平伸或稍向下垂；躯体矮小；背腰宽而微凹，腹大丰圆触地，后躯较丰满；四肢短细，后肢多卧系；皮薄肉细；毛色多全黑，但亦有"六白"或不完全"六白"特征，见图3-7。

图3-7 小香猪

香猪性成熟早，一般3~4月龄性成熟。产仔数少，平均5~6头。成年母猪一般体重40kg左右，成年公猪一般45kg左右。香猪早熟易肥，宜早期屠宰，适宜屠宰体重为30~40kg。

**3. 我国新培育的品种**

（1）三江白猪。三江白猪产于东北三江平原，是用长白猪和民猪培育而成。其全身被毛白色，头轻嘴直，两耳下垂或稍前倾，背腰平直，腿臀丰满，四肢健壮，蹄质坚实。成年公猪体重250~300kg，母猪体重200~250kg，见图3-8。

图3-8 三江白猪

（2）湖北白猪。湖北白猪产于湖北武汉市及华中地区，是由大白猪、长白猪、通城猪、荣昌猪杂交培育而成。其全身被毛全白，头稍轻、直长，两耳前倾或稍下垂；背腰平直，中躯较长，腹小，腿臀丰满，肢蹄结实，见图3-9。

图3-9 湖北白猪

（3）苏太猪。苏太猪主产于苏州市，是由杜洛克和太湖猪杂交培育而成。其全身背毛黑色，耳中等大小、向前下垂，头面有清晰的皱纹，嘴中等长，后躯丰满，四肢结实，具有明显的瘦肉型猪的特征，见图3-10。

图3-10 苏太猪

（二）杂交模式选择

杂交是指不同品种、品系或品群间的相互交配。这些品种、品系或品群间杂交所产生的杂种后代，往往在生活力、生长势和生产性能等方面，在一定程度上优于其亲本纯繁群体，即杂种后代性状的平均表型值超过杂交亲本性状的平均表型值，这种现象称为杂种优势。杂种优势一般只限于杂种一代，如果杂种一代之间继续杂交，则导致优势分散，群体发生退化。

### （三）提高杂种优势的途径

杂交亲本，其品种不同，即使在同样的饲养管理条件下，其杂交效果也是不同的，这是由于不同杂交组合的配合力不同所致。因此选择什么样的杂交亲本来组成杂交组合，是杂交优势优劣的关键。

**1. 父本的选择**

父本必须具有胴体瘦肉率高、肉质好、生长速度快，饲料利用率较高、适应性强的品种。由于父本的数量较少、饲养管理条件适当高些比较容易做到。因此，适应性可放在稍次地位。目前，从国外引进的瘦肉型猪一般都符合上述条件。大量的杂交实践表明，这些瘦肉型猪种作为杂交父本，其杂交效果都较好。

**2. 母本的选择**

母本要求在本地区分布广、数量多、繁殖力高。在不影响杂种生长速度的前提下，母本的体型不要求太大，而瘦肉率和繁殖指标不能太低。按照以上选择母本的条件，我国大多数地方品种猪种和培育猪种都符合。但由于我国地方品种猪种的个体差异较大，即使是同一猪种，其主要生产性能往往出现很大差异。所以，杂交母本的选择必须进行配合力测定，只有根据测定结果，才能选择出配合力好的猪种。

### （四）杂种优势的利用

**1. 杜长大体系**

是以杜洛克公猪做终端父本，以长白与大白杂交母猪长大母猪为母本进行生产的杂交方式。首先用长白公猪（L）与大白母猪（Y）配种或用大白公猪（Y）与长白母猪（L）配种，在它们所生的后代中精选优秀的 LY 或 YL 母猪作为父母代母猪。最后用杜洛克公猪（D）与 LY 或 YL 母猪配种生产优质三元杂交肉猪。

**2. 国外猪种和本地猪种的杂交组合**

杜长大土体系：是以杜洛克公猪做终端父本，以地方品种猪与大白杂交母猪为母本进行生产的杂交方式。先用大约克公猪（Y）与川白Ⅰ系母猪（Ⅰ）配种，在它们所生的后代中精选优秀的 YⅠ母猪作为父母代母猪。最后用杜洛克公猪（D）与 YⅠ母猪配种生产优质三元杂交肉猪。

**3. 利用杂种优势建立专门化品系**

该品系间的杂交在繁殖力和生长速度上都表现突出。专门化品系的杂交繁育体系，能保持几个系的遗传差异可以有力地应付在时间上或区域上所出现的产品波动性。

培育专门化综合品系，一般应注意三点：一是母本品系、要突出繁殖性状；二是父本品系要突出早熟性、饲料报酬、产肉力、胴体品质和雄性机能等性状；三是每个专门化品系都要突出一两个重要性状的特点，而且各系间一定无任何血缘关系。

# 二、猪场选址与建设

## （一）猪场场址选择

### 1. 用地要求

猪场用地应符合土地利用发展规划和村镇建设发展规划，满足建设工程需要的水文条件和工程地质条件。猪场建设不能占用或少占耕地。

**2. 场地面积**

猪场占地面积依据猪场生产的任务、性质、规模和场地的总体情况而定。生产区面积一般可按每头繁殖母猪 40~50m² 或每头上市商品猪 3~4m² 计划。猪场生活区、管理区、隔离区另行考虑，并须留有发展余地。

**3. 地形地势**

地形要求开阔整齐，地形狭长或边角多都不便于场地规划和建筑物布局。地势要求高燥、平坦、背风向阳、有缓坡。地势低洼的场地易积水潮湿；有缓坡的场地易排水，但坡度不宜大于25°，以免造成场内运输不便。在坡地建场选择背风阳坡，以利于防寒和保证场区较好的小气候环境。

**4. 水源水质和电源**

规划猪场前先勘探水源，一要充足，二要保证水质符合饮用水标准，便于取用和进行卫生防护，并易于净化和消毒。各类型猪每头每天的总需水量和饮用量见表 3-1。

表 3-1　猪群每天需水量标准　　（单位：kg）

| 猪群类别 | 总需水量 | 饮用量 |
|---|---|---|
| 种公猪 | 25~40 | 10 |
| 空怀及妊娠母猪 | 25~40 | 12 |
| 带仔哺乳母猪 | 60~75 | 20 |
| 断奶仔猪 | 5 | 2 |
| 后备猪 | 15 | 6 |
| 育肥猪 | 15~25 | 6 |

另外，场址应距电源较近，节省输电开支。同时供电稳定，少停电。当电网供电不能稳定供给时，猪场应自备小型发电机组，以应付临时停电。

**5. 土壤特性**

猪场对土壤的要求是透气性好、易渗水、热容量大，这样可抑制微生物、寄生虫和蚊蝇的孳生，也可使场区昼夜温差较小。土壤虽有净化作用，但是，许多微生物可存活多年，应避免在旧猪场场址或其他畜牧场上建造猪场。

**6. 周围环境**

养猪场饲料产品、粪污废弃物等运输量很大，交通方便才能降低生产成本和防止污染周围环境。但是，交通干线往往会造成疫病传播，因此，猪场场址既要交通方便又要与交通干线保持适当距离。距铁道和国道不少于 2 000～3 000 m，距省道不少于2 000 m，县乡和村道不少于 500～1 000 m。与居民点距离不少于1 000 m，与其他畜禽场的距离不少于 3 000～5 000 m。周围要有便于污水进行处理以后（达到排放标准）排放的水系。

**7. 粪尿处理与环保**

建场前要了解当地政府 30 年内的土地规划及环保规划、相关政策，因地制宜配套建设排污系统工程，特别应注意沼气配套工程的建设。

**（二）猪场规划设计**

在规划猪场时要根据当地的自然条件、社会条件和自身的经济实力，规范、科学、经济地设计。猪场场地主要包括生活区、生产辅助区、生产区、隔离区、场内道路和排水、场区绿化。为了便于防疫和安全生产，应根据当地风向和猪场地势，有序安排。

**（三）猪场建设**

**1. 猪舍的形式**

猪舍建筑形式较多，可分为 3 类：开放式猪舍、大棚式猪舍、封闭式猪舍。

开放式猪舍：建筑简单，造价低，通风采光好，舍内有害气体易排出。但猪舍内的气温随着自然界变化而变化，不能人为控制，尤其冬季防寒能力差。在生产中冬季加设塑料薄膜，效果较好。

大棚式猪舍：即用塑料扣成大棚式的猪舍。利用太阳辐射增高猪舍内温度。北方冬季养猪多采用这种形式。这是一种投资少、效果好的猪舍。根据建筑上塑料布层数，猪舍可分为单层塑料棚舍、双层塑料棚舍。根据猪舍排列，可分为单列塑料棚舍和双列塑料棚舍（图3－11、图3－12）。另外还有半地下塑料棚舍和种养结合塑料棚舍。

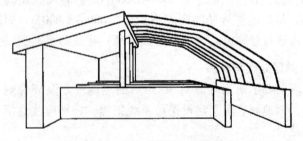

图3－11　单列式塑料大棚猪舍

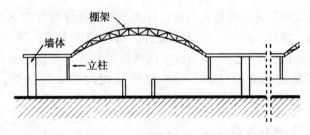

图3－12　双列式塑料大棚猪舍

封闭式猪舍：与外界环境隔绝程度高，舍内通风、采光、保温等主要靠人工设备调控，能给猪提供适宜的环境条件，有利于猪的生长发育，提高生产性能和劳动效率。但其建筑、设备投资维修费用高。封闭式猪舍按照屋顶的形状可分为单坡式、双坡式、联合式、平顶式、拱顶式、钟楼式、半钟楼式、锯齿式猪舍等（图3-13）。其中，单坡式、双坡式和联合式以及平顶式和拱顶式猪舍的构造简单、工程造价低，为大部分猪场所采用。钟楼式和半钟楼式猪舍的通风效果好，锯齿式猪舍的采光效果好，适用于多列猪舍，但工程造价稍高。

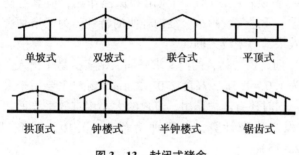

| 单坡式 | 双坡式 | 联合式 | 平顶式 |
| 拱顶式 | 钟楼式 | 半钟楼式 | 锯齿式 |

图3-13 封闭式猪舍

按照猪栏列数的多少可将猪舍划分为单列式、双列式、三列式以及四列式猪舍，其中，双列式猪舍采光和保温效果俱佳，是一般养猪场通常采用的形式，三列式和四列式猪舍的局部采光不佳，需要加人工照明，但保温效果好，且由于少建墙体而节省工程造价。在选择猪舍的建筑形式时，除了考虑上述特点外，还要结合粪污的处理方式和场地的实际情况加以综合考虑。

**2. 猪舍的基本结构**

一个猪舍的基本结构包括基础、地面、墙壁、屋顶与天棚、门窗等。

（1）基础。基础主要承载猪舍自身重量、屋顶积雪重量和墙、屋顶承受的风力，基础的埋置深度，根据猪舍的总荷载力、地下水位及气候条件等确定。为防止地下水通过毛细管作用浸湿墙体，在基础墙的顶部应设防潮层。

（2）地面。猪舍地面应具备坚固、耐久、保温、防潮、平整、不滑、不透水、易于清扫与消毒。地面应斜向排粪沟，坡度为2%～3%，以利于保持地面干燥。

（3）墙壁。猪舍墙壁对舍内温湿度保持起着重要作用。墙体必须具备坚固、耐久、耐水、耐酸、防火能力，便于清扫、消毒；同时应有良好的保温与隔热性能。猪舍主墙壁厚在25～30cm，隔墙厚度15cm。

（4）屋顶。屋顶起遮挡风雨和保温作用，应具有防水、保温、承重、不透气、耐久、结构轻便的特性。为了增加舍内的保温隔热效果，可增设天棚。

（5）门、窗。猪舍的门要求坚固、结实、易于出入。门的宽度一般为1.0～1.5m，高度2.0～2.4m。窗户主要用于采光和通风换气，同时还有围护作用。窗户的大小用有效采光面积与舍内地面面积之比来计算，一般种猪舍1：（10～12），肥猪舍1：（12～15）。

**3. 猪舍的功能系统**

（1）除了地面以外，畜床也是非常重要的环境因子，极大地影响着家畜的健康和生产力。为解决一般水泥畜床冷、硬、潮的问题，可选用下述方法。

①按功能要求的差异选用不同材料。用导热性小的陶粒粉水泥、加气混凝土、高强度的空心砖修建畜床，走道等处用普通水泥，但应有防滑表面。

②分层次使用不同材料。在夯实素土上，铺垫厚的炉渣拌废石灰作为畜床的垫层，再在此基础上加铺一层聚乙烯薄膜（0.1mm）作为防潮层，薄膜靠墙的边缘向上卷起，然后铺上导热性小的加气混凝土、陶粒粉水泥、高强度空心砖。

③铺设厩垫。

④使用漏缝地板。为了保持圈舍内清洁，现代化猪场多使用

漏缝地板,尤其对疾病抵抗力弱的仔猪。常用的地板材料如图 3 – 14。

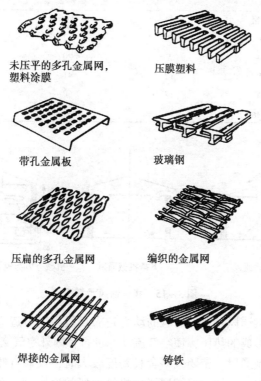

未压平的多孔金属网,塑料涂膜

压膜塑料

带孔金属板

玻璃钢

压扁的多孔金属网

编织的金属网

焊接的金属网

铸铁

图 3 – 14　常用的地板材料

(2) 通风。通风可排除猪舍中多余的水汽,降低舍内湿度,防止围护结构内表面结露,同时可排除空气中的尘埃、微生物、有毒有害气体(如氨、硫化氢和二氧化碳等),改善猪舍空气的卫生状况。另外,适当的通风还可缓解夏季高温对猪的不良影响。猪舍的适宜通风量见表 3 – 2。

猪舍通风可分为自然通风和机械通风两种方式(图 3 – 15)。

表 3 – 2　猪舍的适宜通风量

| 生理阶段或体重 (kg) | 每头猪的通风量（m³/h） | | |
|---|---|---|---|
| | 冷空气 | 温和空气 | 热天气 |
| 带仔母猪 | 34 | 136 | 850 |
| 5～14 | 3 | 17 | 42 |
| 14～34 | 5 | 20 | 60 |
| 34～68 | 12 | 41 | 127 |
| 68～100 | 17 | 60 | 204 |
| 其他种猪 | 24 | 85 | 510 |

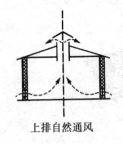 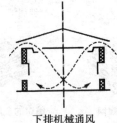 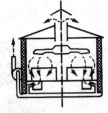

上排自然通风　　　　　　下排机械通风　　　机械进风与地下自然排风

图 3 – 15　猪舍通风示意图

①自然通风。自然通风的动力是靠自然界风力造成的风压和舍内外温形成的热压，使空气流动，进行舍内外空气交换。

②机械通风。密闭式猪舍且跨度较大时，仅靠自然通风不能满足其要求，需辅以机械通风。机械通风的通风量、空气流动速度和方向都可以得到控制。机械通风可以分为两种形式，一种是负压通风，即用轴流式风机将舍内污浊空气抽出，使舍内气压低于舍外，则舍外空气由进风口流入，从而达到通风换气的目的。另一种是正压通风，即将舍外空气由离心式或轴流式风机通过风管压入舍内，使舍内气压高于舍外，在舍内外压力差的作用下，舍内空气由排气口排出。正压通风可以对舍内的空气进行加热、降温、除尘、消毒等预处理，但需设风管，设计难度大。负压通风设备简单，投资少，通风效率高，在我国被广泛采用。其缺点

是对进入舍内的空气不能进行预处理。

正压通风和负压通风都可分为纵向通风和横向通风。在纵向通风中，即风机设在猪舍山墙上或远离该山墙的两纵墙上，进风口则设在另一端山墙上或远离风机的纵墙上。横向通风有多种形式：负压风机可设在屋顶上，两纵墙上设进风口；或风机设在两纵墙上，屋顶风管进风；也可在两纵墙一侧设风机，另一侧设进风口。纵向通风使舍内气流分布均匀，通风死角少，其通风效果明显优于横向通风。

（3）采光。自然光通常用窗地比来衡量。一般情况，妊娠母猪和育成猪的窗地比为1：（10～12）。根据这些参数即可确定窗户的面积。还要合理确定窗户上下沿的位置。入射角是指窗户上沿到猪舍跨度中央一点的连线与地面水平线之间的夹角。透光角是指窗上、下沿分别至猪舍跨度中央一点的连线之间的夹角。自然采光猪舍入射角不能小于25°，透光角不能小于5°（图3－16）。

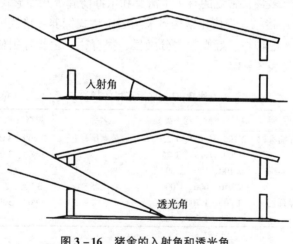

图3－16　猪舍的入射角和透光角

人工照明设计应保持猪床照度均匀，满足猪群的光照需要。

一般情况下，各类猪的照度需求如下：妊娠母猪和育成猪为50~70lx，育肥猪为35~50lx，其他猪群为50~100lx。无窗式猪舍的人工照明时间，育肥猪为8~12h，其他猪群为14~18h，一般采用白炽灯或荧光灯。灯具安装最好根据工作需要分组设置开关，既保证工作需要，又节约用电。

（4）给排水与清粪。

①给水方式有2种，即集中式给水和分散式给水。前者是用取水设备从水源取水，经净化消毒后，进入存贮设备，再经配水管网送到各用水点。后者是各用水点直接由水源取水。现代化猪场均采用集中式给水。舍外水管可依据猪舍排列和走向来配置，埋置深度应在冻土层以下，进入舍内可以浅埋，严寒地区应设回水装置，以防冻裂。舍内水管则根据猪栏的分布及饲养管理的需要合理设置。舍内除供猪只饮水用的饮水器和水龙头外，还应每隔20~30m设置清洗圈舍和冲刷用具的水龙头。

②清粪。猪舍的排水系统经常是与清粪系统相结合。猪舍清粪方式有多种，常见的有手工清粪和水冲清粪等几种形式。

（5）猪栏。现代化猪场多采用固定栏式饲养，猪栏一般分为公猪栏、配种栏、妊娠栏、分娩栏、保育栏、生长育肥栏等。常用规格见表3-3。

表3-3 常用猪栏的规格 （单位：mm）

| 名称 | 规格（长、宽、高） | 名称 | 规格（长、宽、高） |
|---|---|---|---|
| 母猪产仔哺育栏 | 2 100、1 700、1 250 | 公猪围栏 | 3 200、3 000、1 200 |
| | 2 200、1 700、1 250 | | 3 000、3 000、1 200 |
| 母猪单体栏 | 2 100、600、1 000 | | |
| | 2 050、600、1 000 | 育肥猪栏 | 3 200、2 100、900 |
| 仔猪保育栏 | 1 800、1 700、900 | | 3 000、3 400、1 000 |
| | 1 800、1 700、700 | | |

①公猪栏和配种栏。北方的养猪场多采用单列式猪舍，且外带运动场（图3-17）。

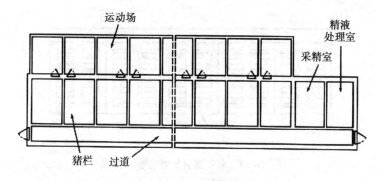

图 3 – 17　公猪栏和配种栏示意图

②妊娠母猪栏（图 3 – 18）。群养和拴系饲养结合而成，平时母猪处于群养状态，在饲喂时，母猪在固定的饲槽前采食，这样既有利于母猪的运动，增强体质，又可根据不同母猪的状况调整饲喂量。

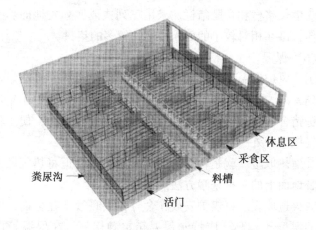

图 3 – 18　妊娠母猪栏

③分娩哺育栏。双列式或三列式。图 3 – 19 为单列式分娩哺乳舍示意图。

④仔猪保育舍。仔猪保育舍大都采用网上三列式或四列式的

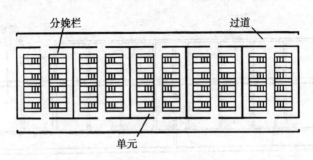

分娩栏　　　　　　　　　　　　　过道

单元

图 3 – 19　单列式分娩哺乳舍示意图

形式，辅以人工照明，保温效果好。目前，国内猪场多采用高床网上保育栏，主要由金属编织漏缝地板网、围栏、自动食槽、连接卡、支腿等组成。仔猪保育栏的长、宽、高尺寸视猪舍结构不同而定。常用的有 2m × 1.7m × 0.6m，侧栏间隙 6cm。离地面高度为 25 ~ 30cm，可饲养 10 ~ 25kg 的仔猪 10 ~ 12 头。

⑤生长猪栏和育肥猪栏。采用三列式或四列式地面养殖的形式为佳，可在相对较小的面积内容纳较多的猪只。

（6）保温。

①热风炉保温设备。采用特制炉子加热燃料，将热量通过管子送到舍内，提高舍内温度。此种供热方式适用于中小猪场。一般每栋猪舍一个，安装时最好留出一间房安置燃炉，便于将燃烧后废气排出舍外。

②地热取暖。就是将锅炉通过硬质塑料管道将热气散发到猪只趴卧地面上的一种采暖方法。

③火道取暖。将煤炉安放在舍外，供暖管子在舍内，因仔猪要求的温度比较高，应特制保温箱单独保温，在保温箱内安装 100W 红外线灯泡一个或 60W 灯泡两个即可达到保暖效果。

（7）饲喂。饲槽是猪栏内的主要设备，应根据上料形式（机械化送料或人工喂饲）选择合适的饲槽，总的要求是构造简单、坚固、严密，便于采食、洗涮与消毒。

对于限量饲喂的公猪、妊娠母猪、哺乳母猪一般都采用钢板饲槽或水泥饲槽，这类饲槽结构简单，而且造价低，但要经常清洗；而对于不限量饲喂的保育仔猪、生长猪、育肥猪多采用自动落料饲槽，这种饲槽不仅能保证饲料清洁卫生，而且还可以减少饲料浪费，满足猪的自由采食。

限量饲槽多用钢板或水泥制成。目前成品猪栏上多附带有钢板制的限量饲槽，而在地面饲养的猪栏中大都为水泥限量饲槽，即固定设在圈内，或一半在栏内一般在栏外，用砖或石块砌成，水泥抹面，底部抹成半圆形，不留死角。每头猪喂饲所需饲槽的长度大约等于猪肩宽。限量水泥饲槽的推荐尺寸及每头猪采食所需的饲槽长度见表3-4和表3-5。

表3-4　限量水泥饲槽的推荐尺寸　　　　　　　（单位：cm）

| 猪类别 | 宽 | 高 | 底厚 | 壁厚 |
|---|---|---|---|---|
| 仔猪 | 20 | 10～12 | 4 | |
| 幼猪、生长猪 | 30 | 15～16 | 5 | |
| 肥猪、种猪 | 40 | 20～22 | 6 | 4～5 |

表3-5　每头猪采食所需的饲槽长度

| 猪类别 | 体重 | 每头猪所需饲槽长度（cm） |
|---|---|---|
| 仔猪 | 15kg以下 | 10～12 |
| 幼猪 | 30kg以下 | 15～16 |
| 生长猪 | 40kg以下 | 20～22 |
| 育肥猪 | 60kg以下 | 27 |
| | 75kg以下 | 28 |
| | 110kg以下 | 33 |
| 繁殖猪 | 100kg以下 | 33 |
| | 100kg以上 | 50 |

图3-20为固定在地面上的饲槽和安装在限位栏上的饲槽。

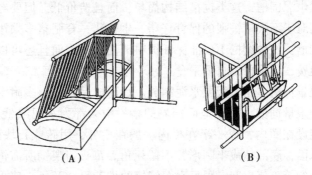

（A）　　　　　　　（B）

**图3-20　固定在地面上的饲槽（A）和安装在限位栏上的饲槽（B）**

自动饲槽的式样很多，一般都是在饲槽顶部安放一个饲料贮存箱，贮存一定量的饲料，在猪采食时贮存箱内饲料重力通过料箱后部的斜面不断流入饲槽内，每隔一段时间加一次料。它的下口可以调节，并用钢筋隔开的采食口，根据猪的大小有所变化。根据容量大小可分为仔猪、幼猪和育肥猪自动饲槽3种，盛料量在5~10kg、40~90kg和90~200kg范围变化。常用的自动饲槽有长方形和圆形两种，每种又根据猪只大小做成几种规格。长方形食槽还可以做成双面兼用，在两栏中间放置，供两栏猪只采食。

# 三、种猪饲养与繁殖技术

种猪是养猪生产的核心。饲养种猪的目的是让它们持续提供大量的商品猪，提高经济效益。猪的繁殖力高，表现在公猪射精量大、配种能力强；母种猪常年多次发情，任何季节均可配种产仔，而且是多胎高产。因此养好种猪是养猪生产的关键。

## （一）后备公猪的营养需要及管理

后备公猪即青年公猪，是猪场的后备力量。从仔猪育成阶段到初次配种前，是后备猪的培育阶段。培育后备公猪的任务是获得体格健壮、发育良好、具有品种典型特征和种用价值高的种猪。

**1. 后备公猪的饲养**

后备公猪所用饲料应根据其不同的生长发育阶段进行配合。要求原料品种多样化，保证营养全面。提供生长发育所需要的能量、蛋白质（注意氨基酸平衡）；增加钙、磷用量；补充足量的与生殖活动有关的维生素 A、维生素 E、生物素、叶酸、胆碱等。

90kg 前自由采食，90kg 后限制饲养；直接用干粉料或颗粒料投喂，分早晚两次投放；每天 $2.0 \sim 2.5$kg，具体喂量视膘情决定。后备公猪应保持适当的膘情，过肥则性欲低下，致使母猪受胎率不高；过瘦延缓性成熟，降低种公猪的精液量和精子数，降低性欲，影响繁殖力。

**2. 后备公猪的管理**

（1）分群。为使后备公猪生长发育均匀整齐，应按性别、体重进行分群饲养，即公母分开，大小分开。一般每栏 $4 \sim 6$ 头，饲养密度合理，每头猪占地 $1.5 \sim 2.0$m$^2$。

（2）运动。运动对后备猪是非常重要的，既可锻炼身体，促进骨骼、肌肉的正常发育，防止过肥或肢蹄不良，又可增强体质和性活动能力。后备公猪猪舍应有运动场，其面积宜为猪床面积的 $5 \sim 6$ 倍。猪舍运动场最好设在阳光能照射的地方。每天运动时间不少于 2h，上下午各一次，夏秋季节可采取放牧饲养，冬春季节可进行驱赶运动或室外逍遥运动。

（3）定期称重。按月龄对后备公猪进行称重，可比较个体间生长发育的差异，有利选育；并可据此适时调整饲养水平和饲喂量，使后备猪达到应有的体质和体况。

**3. 后备公猪的使用**

（1）后备公猪使用的时间。后备公猪一般在 8 月龄以上，体重120kg以上开始使用，最低使用年龄不得低于7.5月龄。使用过早，公猪刚性成熟，交配能力不好，精液质量差，母猪受胎率低，且对自身性器官发育产生不良影响，缩短使用寿命。使用过迟，公猪延长非生产时间，增加成本，另外会造成公猪性情不安，影响正常发育，甚至造成恶癖。

（2）后备公猪的调教方法。

爬跨假母猪台法　调教用的母猪台高度要适中，以45～50cm为宜，可因猪不同而调节，最好使用活动式母猪台。调教前，先将其他公猪的精液、胶体或发情母猪的尿液涂在母猪台上面，然后将后备公猪赶到调教栏，公猪一般闻到气味后，大都愿意啃、拱母猪台。此时，若调教人员再发出向类似发情母猪叫声的声音，更能刺激公猪性欲的提高，一旦有较高的性欲，公猪慢慢就会爬母猪台了。如果有爬跨的欲望，但没有爬跨，最好第二天再调教。一般1～2周可调教成功。

爬跨发情母猪法　调教前，将一头发情旺期的母猪用麻袋或其他不透明物盖起来，不露肢蹄，只露母猪阴户，赶至母猪台旁边，然后将公猪赶来，让其嗅、拱母猪，刺激其性欲的提高。当公猪性欲高涨时，迅速赶走母猪，而将涂有其他公猪精液或母猪尿液的母猪台移过来，让公猪爬跨。一旦爬跨成功，第二、第三天就可以用母猪台进行强化了，这种方法比较麻烦，但效果较好。

（3）后备公猪调教注意事项。

①准备留作采精用的公猪，从7～8月龄开始调教，不仅易于采精，而且可以缩短调教时间并延长使用时间。

②进行后备公猪调教的人员要固定，要细心、耐心，不能急于求成，不能粗暴对待公猪。在调教过程中要保护公猪生殖器官免遭损伤；防止公猪冲撞，踩伤调教人员。

③调教时，应先调教性欲旺盛的公猪。公猪性欲的好坏，一般可通过咀嚼唾液的多少来衡量，唾液越多，性欲越旺盛。对于

那些对假母猪台或母猪不感兴趣的公猪，可以让它们在旁边观望或在其他公猪配种时观望，以刺激其性欲的提高。

④每次调教的时间一般不超过 15～20min，每天可训练一次，一周最好不要少于 3 次，直至爬跨成功。调教成功后，一周内每隔 1 天就要采精一次，以加强其记忆。以后，每周可采精一次，至 12 月龄后每周采 2 次，一般不要超过 3 次。

## （二）后备母猪的营养需要及管理

### 1. 后备母猪的选留

后备母猪应从繁殖性能好的母猪的 2～4 胎仔猪中选择，并以春季仔猪为主。按照后备猪生长发育特点，采用 2、4、6 月龄选留，最后在配种前 1 个月进行一次挑选。结合母本的繁殖性能（产仔数量、断奶猪数量、断奶体重等）选择生长发育良好、体形匀称、背部平行、腹部发育良好（开阔不下垂），乳头数六对以上、排列整齐、发育均匀良好，四肢粗壮结实，外阴户发育良好（丰满，不过度上翘）的仔猪。

### 2. 后备母猪的营养需要

后备母猪处于身体迅速发育的时期，一定要有充足的营养物质供应，以保证体格的正常发育，特别是骨骼和生殖器官的发育。在营养物质的供应上，要根据不同类型、不同生长发育阶段配合饲粮外，特别要注意蛋白质中各种必需氨基酸的平衡，并要适当增加钙、磷和与生殖活动关系密切的维生素 A、维生素 E 的供给量。后备母猪在生长发育阶段，若摄入足够的营养，生长发育正常，初情期也较早。若生长发育受阻或患有慢性消耗性疾病，则会推迟初情期。但 6 月龄以后的后备母猪，由于脂肪沉积的速度逐渐加快，这时要注意控制后备母猪每日能量的摄入量，以免长得过肥，发生繁殖障碍。

### 3. 后备母猪的饲养管理

后备母猪饲养时要尽可能减少每圈饲养头数，以防抢食。每天坚持触摸母猪，使母猪性情变得温顺，易于接近。有条件时，让母猪在圈外活动并提供青绿饲料。运动既可以锻炼身体，促进骨骼和肌肉的发育，防止过肥和肢蹄病，又具有促进发情排卵的作用。在 6 月龄 100kg 左右，最好饲养在与成年公猪相近的猪栏内，让母猪经常接受公猪的声音、气味和形态的刺激；也可每天把性欲良好、体格不太大的开配公猪赶进母猪栏内，让公猪驱赶追逐母猪 10min 左右，这些措施，也可以促进后备母猪的早发情。

### （三）种公猪的营养需要及管理

### 1. 种公猪的营养需要

为了保证公猪具有健壮结实的体质和旺盛的性欲，且精液品质优良，合理的营养水平是关键。种公猪一次射精量平均为 250ml，高者可达 500ml 以上，总精子数 250 亿个。另外，公猪是多次射精的家畜，每次交配的时间平均为 10min 左右，有些长达 15min 以上，这就需要消耗较多的体力。为了保持公猪的不肥不瘦种用体况和产生量多质优的精液，就要全面满足公猪对能量、蛋白质、矿物质和维生素的需求。

种公猪能量需要是维持需要、配种活动、精液生成及生长需要的总和。为了保持种公猪良好的体况和繁殖性能，其饲粮能量水平应适宜，不能长期饲喂高能量饲粮。否则，公猪体内沉积脂肪过多而肥胖，性欲减弱，精液品质下降；相反，如果能量水平过低，可使公猪体内脂肪、蛋白质耗损，形成氮、碳代谢的负平衡，公猪变得过瘦，则射精量少，精液品质差，同样影响配种受胎率。

猪精液干物质的 60% 以上为蛋白质。因此，蛋白质对增加精液量、提高精液品质和延长精子存活时间，有着直接的影响。形成精液的必需氨基酸有赖氨酸、色氨酸、蛋氨酸等，尤其是赖氨酸更为重要。因此，喂给公猪的饲粮，不但要注意蛋白质的数量，更应注意蛋白质的质量。如配种旺季公猪的饲粮中，加喂鱼粉、血粉、鸡蛋等动物性蛋白质，能有效改善公猪精液品质。

矿物质对公猪精液品质同样具有很大影响。钙、磷不足，会影响公猪正常代谢，使性腺发生病变，精子活力降低，出现死精、发育不全或活力不强的精子。微量元素锌在公猪饲粮中应有足够的含量，以保证睾丸的正常发育。铁、铜、硒等也间接或直接地影响精液品质，饲粮中不可缺少。

维生素对公猪精液品质也有很大影响，特别是维生素 A、维生素 D、维生素 E 等。当日粮中维生素 A 缺乏时，公猪睾丸易肿胀、萎缩、性功能衰退，精液品质下降，长期缺乏会丧失繁殖能力。维生素 E 缺乏，则睾丸上皮变性，导致精子形成异常。当经常保证新鲜青绿多汁饲料供应时，一般不会引起维生素缺乏。

**2. 种公猪的饲养技术**

（1）日粮供应。日粮除遵循饲养标准外，还需根据品种类型、体重大小、配种强度等合理调整。常年配种的猪场，采取一贯加强营养的饲养方式，给予均衡饲粮。季节配种的猪场，在配种前 1 个月提高营养水平，比非配种期的营养增加 20% ~25%，在配种前 2~3 周进入配种期饲养。配种停止后，逐渐过渡到非配种期的饲养标准；冬季寒冷时要比饲养标准提高 10% ~20%。

（2）饲喂技术。采用限量饲喂方式，定时定量，日喂 2~3次，每次都不要喂得太饱，每天喂料量 2.0~3.0kg。

**3. 种公猪的管理**

（1）建立稳定的管理制度。种公猪的饲喂、采精和配种、运动、刷拭等各项活动都在固定的时间进行，建立条件反射，形成规律性生活。

（2）单圈或小群饲养。成年公猪最好单圈饲养，每头占地 $4m^2$，小群饲养公猪要从断奶开始。每栏 $2\sim3$ 头，合群饲养的公猪，配种后不能立即回群，待休息 $1\sim2h$，气味消失后再归群。对小群饲养已参加配种的公猪，亦可采用单圈饲养，合群运动。

（3）合理的运动。运动可提高神经系统的兴奋性，增强体质，提高配种能力和抗病力。对提高肢蹄结实度有好处。每天上下午各一次，每次 $1\sim2h$。配种期适当运动，非配种期加强运动。夏天应在早晨或傍晚进行，冬天在中午进行。

（4）刷拭和修蹄。每天定时刷拭猪体 $1\sim2$ 次，时间为 $5\sim10min$，能保持皮肤清洁卫生，促进血液循环并以此调教公猪，使公猪与人亲和、温驯，听从管教。注意保护肢蹄，对不良的蹄形进行修蹄，保持正常蹄形，便于正常活动和配种。

（5）定期称重和检查精液品质。成年公猪应维持体重不变。定期称重，可以了解公猪体重的变化，以便调整日粮营养水平或饲喂量。公猪应定期进行精液品质的检查，人工授精每次采精后都要检查；本交每月应检查 $1\sim2$ 次。

（6）防寒防暑。公猪的最适温度范围为 $18\sim20℃$。$30℃$ 以上就会对公猪产生热应激，降低精液品质，并在 $4\sim6$ 周后降低繁殖配种性能，主要表现为返情率高和产仔数少。因此，在夏天对公猪有效的防暑降温，将圈舍温度控制在 $30℃$ 以内是十分重要的。

在公猪管理中，光照最容易被忽视，光照时间太长和太短都会降低公猪的繁殖配种性能，适宜的光照时间为每天 10 小时左右，通常将公猪饲喂于采光良好的圈舍即可满足其对光照的需要。

**4. 种公猪的合理使用**

（1）配种强度。一般 $1\sim2$ 岁的青年公猪每周配 $2\sim3$ 次或隔日一次；2 岁以上的成年公猪每天配 $1\sim2$ 次，如果每天配种 2 次，可早、晚各配 1 次，时间间隔 $8\sim10h$，连续配种 $4\sim6$ 天，

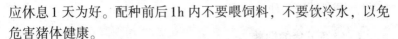

应休息 1 天为好。配种前后 1h 内不要喂饲料，不要饮冷水，以免危害猪体健康。

（2）公、母比例。本交情况下公母猪比例为 1：（25～30），人工授精情况下公母猪比例为 1：（200～300），实际应用时为 1：100 左右。

（3）种公猪的淘汰。种公猪出现下列情况之一者即应淘汰：患无法治愈的生殖器官疾病；精液品质不良，如精子活力 0.5 以下，浓度低于 0.8 亿/ml；配种受胎率 50% 以下；肢蹄疾患，不能正常爬跨；连续使用 3 年以上，性欲明显下降的老龄公猪。种公猪的使用年限一般为 3～4 年，最多不超过 5 岁。

**5. 种公猪饲养管理中的一些问题**

（1）防止种公猪自淫现象。有些种公猪性成熟较早，性欲旺盛，易于形成自淫的恶癖。杜绝这种恶癖的方法：单圈饲养，公母猪舍尽量远离，配种点与猪舍隔开等，以免由于不正常的刺激造成种公猪自淫；同时，加强种公猪的运动，建立合理的饲养管理制度等，也是防止种公猪自淫的方法。

（2）防止过度使用种公猪。在配种旺季，由于种公猪少，而需要配种的发情母猪较多，结果是为了谋求眼前的经济利益而放任公猪的使用，造成种公猪的过度使用，影响了今后种公猪的使用价值。

（3）注意闲置时期的管理。在没有配种任务的空闲时期，不能放松对种公猪的饲养管理，应按饲养标准规定的营养进行饲养，切不可随便饲喂，使公猪过肥或过瘦，降低性欲或不能配种，影响了其使用价值。

**（四）空怀母猪的营养需要和管理**

母猪从仔猪断奶到再次发情配种这段时间，称为空怀期，此阶段的母猪通常称为空怀母猪。空怀母猪饲养的任务主要是尽快恢复正常的种用体况，能够正常发情、排卵、配种，尽量缩短空怀期，提高母猪配种受胎率。

**1. 空怀母猪的饲养**

（1）空怀母猪的营养需要。空怀母猪日粮应根据饲养标准和母猪的具体情况进行配制，日粮应该全价，主要满足能量、蛋白质、矿物质、微量元素和维生素的供给。能量水平要适宜，不可过高或过低，以免引起母猪过肥或过瘦，影响发情配种。粗蛋白水平在12% ~ 13%，配种期间适当添加，并注意必需氨基酸的添加。矿物质和微量元素对母猪的繁殖同样有一定的影响，供给不足会造成繁殖机能的下降。如钙磷缺乏出现不孕、产弱小仔猪、产仔数减少；硒缺乏排卵数减少；铜缺乏患不孕症等。维生素对母猪的繁殖机能有重要的作用，如维生素A不足降低性机能，引起不孕，哺乳母猪发情延迟；维生素E不足会使母猪不发情或发情但不受孕等。所以饲料中应注意添加各种维生素，特别是维生素A、维生素D、维生素E。

（2）饲喂方法。断奶前3天减料，断奶后再减料3天，达到干奶，再加料，经4 ~ 7天即可发情。这种给料方法，具有促进发情和受胎的作用。早期断奶的母猪，在断奶前几天，母猪仍能分泌较多的乳汁，为了防止患乳房炎，在断奶前后各3天减少配合饲料喂量，适当多给一些青粗饲料，以促进母猪尽快干乳。母猪断奶3天后，宜多给营养丰富的饲料和保证充分休息，可使母猪迅速恢复体况。此时饲粮营养水平和饲喂量要与妊娠后期相同，如果能喂些动物性饲料和优质青干草更好，可促进发情母猪发情排卵，为提高受胎率和产仔数奠定物质基础。

以上给料方法是普通情况，要根据母猪膘情和乳汁的多少灵活调整。

（3）短期优饲。配种前为促进发情排卵，要求适时提高饲料喂量，对提高配种受胎率和产仔数大有好处。尤其是对头胎母猪更为重要。对产仔多、泌乳量高或哺乳后体况差的经产母猪，配种前采用"短期优饲"办法，即在维持需要的基础上提高50% ~

100%，喂量达 3 ~ 3.5kg/天，可促进排卵；对后备母猪，在准备配种前 10 ~ 15 天加料，可促使发情、多排卵，喂量可达 2.5 ~ 3.0kg/天，但具体应根据猪的体况增减，配种后应逐步减少喂量。

**2. 空怀母猪的管理**

（1）单栏或小群饲养。小群饲养一般将 4 ~ 6 头同时断奶或相近的母猪饲养在一个圈内，每头母猪所需面积至少 1.6 ~ 1.8m²。实践证明，群养空怀母猪可促进发情。空怀母猪以群养单饲为好。单栏限位饲养是近来工厂化养猪的一种方式，将空怀母猪固定在栏内禁闭饲养，活动范围很小，母猪尾段饲养公猪，以刺激母猪发情。

（2）创造适宜的环境。每天上下午各清扫一次圈舍，使圈舍保持干燥、清洁、空气新鲜。寒冷的冬季和炎热的夏季对猪的健康都有不利影响，甚至影响发情配种，因此圈舍应保持适宜的温度范围。

（3）做好发情鉴定。饲养人员每天早晚两次观察发情状况，做好记录。正常情况下母猪断奶后 1 周左右即可发情。

**3. 发情及适配时间判定**

（1）母猪的发情症状。发情症状的表现可归纳为 3 个方面。

①行为特征。母猪发情时对周围环境十分敏感，表现东张西望，早起晚睡，食欲不振，高潮时呆立不动。

②外阴部变化。母猪发情时，外阴部充血肿胀，并有黏液流出，阴道黏膜颜色由浅红变深红再变浅红，外阴部由硬变软再变硬。

③接受公猪爬跨。母猪发情到一定程度开始接受公猪爬跨，用手按压母猪背腰部，发情母猪如呆立不动就是接受公猪爬跨的开始。此时发情母猪经常两后腿叉开，呆立不动，频频排尿等。

（2）母猪发情持续期。母猪发情持续期为 2 ~ 5 天，平均 2.5

天。春季和夏季发情持续期稍短，秋季、冬季稍长。老龄母猪发情较短，青年母猪稍长。

（3）母猪的排卵规律。母猪的排卵时间一般在发情开始后的24~26h（有的长达70h）。在接受公猪爬跨的24~36h为排卵的高峰阶段，此阶段排卵数占排卵总数的57%~65%。

（4）母猪适时配种。生产实践中可从下面四个方面来决定配种时机：一看阴户，充血红肿—紫色暗淡—皱缩；二看黏液，浓浊，粘有垫草时配种；三看表情，即出现"呆立反应"时配种受胎率最高；四看年龄，"老配早，小配晚，不老不小配中间"。

不同的配种方法：在自然交配的情况下，建议以每情期配种3次；在高管理水平下，建议以每情期配种2次；在人工授精条件下，建议以每情期配种2次。在每情期配种2次时，两次配种之间的时间间隔建议为16~20h。

配种时注意事项：在公猪熟悉的环境下进行，地面不要太滑，公母猪体格相当；配种前公母猪要清洁消毒，防止配种时细菌进入生殖道，产生炎症；确定母猪发情而又不接受爬跨时，应更换一头公猪或采用人工授精；母猪配完后要按压其背部，令其轻轻走动，不让精液倒流；配种完的公母猪不能冷水淋浴，也不能躺卧在潮湿的地面上。

（5）母猪的更新与淘汰。有下列情况的都应淘汰：后备母猪长期不发情，经药物处理后无效者；后备母猪虽有发情，但正常公猪连配两期未能受孕者；能正常发情、配种，但产仔数低于7头；出现肢蹄疾病，久治未愈，严重影响生产者；母性特差，哺乳能力弱，易压死仔猪，或具有咬、吃仔猪之恶癖者；遗传性、习惯性流产的母猪。母猪一般可利用7~8胎，年更新比例为25%；规模化猪场限位饲养，母猪一般利用6~7胎，年更新比例为30%~35%。年龄较大、生产性能下降的种母猪也应淘汰。

**（五）妊娠母猪的饲养及管理**

从配种受胎到分娩这段时间称妊娠期，母猪妊娠天数一般为111～117 天，平均 114 天。妊娠母猪饲养管理的目标就是要保证胎儿在母体内正常发育，防止流产和死胎，生产出健壮、生活力强、初生体重大的仔猪，同时还要使母猪保持中上等体况。

**1. 妊娠诊断**

妊娠诊断是母猪繁殖管理上的一项重要内容。配种后，应尽早检出空怀母猪，及时补配，防止空怀。这对于保胎，缩短胎次间隔，提高繁殖力和经济效益具有重要意义。

（1）外部观察法。母猪配种后经 21 天左右，如不再发情、贪睡、食欲旺、易上膘、皮毛光、性温驯、行动稳、夹尾走、阴门缩，则表明已妊娠。相反精神不安，阴户微肿，则是没有受胎的表现，应及时补配。

（2）超声波诊断法。利用超声波感应效果测定胎儿心跳数，从而进行早期妊娠诊断。打开电源，在母猪腹底部后侧的腹壁上（最后乳头上 5～8cm）处涂些植物油，将探触器贴在测量部位，若诊断仪发出连续响声，说明已妊娠；若发出间断响声，几次调整方位均无连续响声，说明没有妊娠。

**2. 妊娠母猪的饲养**

（1）妊娠母猪的饲养。必须从保持母猪的良好体况和保证胎儿正常发育两个方面去考虑。妊娠母猪的营养供给应随妊娠的不同阶段而变化。

妊娠前期（配种后的 1 个月以内）：这个阶段胚胎几乎不需要额外营养，饲料饲喂量相对应少，质量要求高，一般喂给1.5～2.0kg 的妊娠母猪料，青粗饲料给量不可过高，不可喂发霉变质和有毒的饲料。

妊娠中期（妊娠的第 31～84 天）：喂给 1.8～2.5kg 妊娠母

猪料，具体喂料量以母猪体况决定，但一定要给母猪吃饱，可以大量喂食青绿多汁饲料，防止便秘。严防给料过多，导致母猪肥胖。

妊娠后期（临产前1个月）：这一阶段胎儿发育迅速，同时又要为哺乳期蓄集养分，母猪营养需要高，可以供给2.5～3.0kg的哺乳母猪料。此阶段应相对地减少青绿多汁饲料或青贮料。在产前5～7天要逐渐减少饲料喂量，分娩当天，可少喂或停喂，并提供适量的温麸皮盐水汤。

（2）饲养方式选择。饲养妊娠母猪要根据母猪的膘情与生理特点，以及胚胎的生长发育区别对待，绝不能按统一模式来饲养。

①抓两头带中间的饲养方式。适于断奶后膘情差的经产母猪。具体做法，在配种前10天到配种后20天的一个月时间内，提高营养水平，日平均给料量在妊娠前期饲养标准的基础上增加15%～20%，这有利于体况恢复和受精卵着床；体况恢复后改为妊娠中期一般饲粮；妊娠80天后，再次提高营养水平，即日平均给料量在妊娠前期喂量的基础上增加25%～30%，这样就形成了一个高→低→高的营养水平。

②步步登高的饲养方式。适于初产母猪和哺乳期间配种及繁殖力特别高的母猪。因为初产母猪不仅需要维持胚胎生长发育的营养，而且还要供给本身生长发育的营养需要。具体做法，在整个妊娠期间，可根据胎儿体重的增加，逐步提高日粮营养水平，到分娩前1个月达到最高峰。

③前粗后精的饲养方式。适于配种前体况良好的经产母猪。妊娠初期，不增加营养，到妊娠后期，胎儿发育迅速，增加营养供给，但不能把母猪养得太肥。

（3）饲养技术。妊娠母猪的饲粮应营养全面、多样配合、全价适口，含一定量的粗饲料，使猪吃后有饱腹感，但也不能过多避免压迫胎儿。可适当增加轻泄性饲料如麸皮，防止便秘。严禁

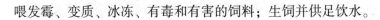

喂发霉、变质、冰冻、有毒和有害的饲料；生饲并供足饮水。

**3. 妊娠母猪的管理**

（1）单栏或小群饲养。单栏饲养是母猪从妊娠到产仔前，均饲养在限位栏内。小群饲养是将配种期相近、体重大小和性情强弱相近的 6~8 头母猪，放在同一栏内饲养。占地面积 1.5~2m²/头，有足够的饲槽（槽长与全栏母猪肩宽等长），饮水器高度为平均肩高加 5cm，一般为 55~65cm.

（2）创造良好环境。做好圈舍的清洁卫生，保持圈舍空气新鲜，保持安静。舍温控制在 15~20℃，要做好防暑降温工作，尤其是妊娠前期。

（3）适当运动。妊娠的第一个月以恢复母猪体力为主，要让母猪吃好、睡好、少运动。此后，应让母猪有充分的运动，一般每天 1~2h。妊娠中后期应减少运动量或让母猪自由活动，产前 1 周停止运动。

（4）做好日常管理。妊娠母猪应防止滑倒、惊吓、追赶等一切可能造成机械性损伤和流产的现象发生。每天应注意观察母猪的采食、饮水、粪尿和精神状态的变化，预防疾病发生。

（5）搞好预产期推算。母猪预产期的推算方法可用"三、三、三"法，即在配种日期上加 3 个月 3 周再 3 天，正好是 114 天。

**（六）母猪分娩和接产**

**1. 分娩前准备**

（1）产房。产房要在母猪分娩前 5~10 天左右打扫干净后，用 3%~5% 的石炭酸或 2%~5% 的来苏尔或 3% 的火碱水消毒，围墙用 20% 石灰乳粉刷。产房还要宽敞，清洁干燥，光线充足，冬暖夏凉，安静无噪声。同时应配备仔猪的保温装置。产房内温度以 22~25℃ 为宜，相对湿度在 65%~75%。

（2）物品的准备。准备好接生时所需的药品、器械及用品，如来苏儿、酒精、碘酊、肥皂、毛巾、剪刀、助产绳等。

（3）母猪的准备。母猪进入产房前，将其腹部、乳房及阴户附近的泥污清洗干净，再用 $2\% \sim 5\%$ 来苏尔溶液消毒，然后进入产房待产。同时减少喂量，提供洁净饮水。

**2. 母猪临产征状**

（1）乳房变化。母猪产前乳房膨胀有光泽，两侧乳头外张，从后面看，最后一对乳头呈"八"字形外张，乳头饱满，呈潮红色。

（2）乳头的变化。一般前面乳头出现乳汁则 24h 内产仔；中间乳头出现乳汁，则 12h 内产仔；若最后乳头有乳，则 $3 \sim 6h$ 内产仔。但应注意营养较差的母猪，乳房、乳头的变化不十分明显，要依靠综合征兆做出判断。

（3）外阴部变化。临产前母猪外阴部红肿下垂，皱纹消失平展，尾根两侧出现塌陷，这是骨盆开张的标志；临产前，外阴部有羊水流出。

（4）精神行为变化。临产前母猪神经敏感，紧张不安，坐卧不安，呼吸急促，频繁排尿。有的母猪还出现衔草做窝或拱草趴地的现象。当母猪躺卧、四肢伸直、阵缩时间越来越短、羊水流出，第一头小猪即可产出。

**3. 母猪接产**

接产是母猪分娩管理的重要环节，在整个接产过程中，要求安静，禁止喧哗和大声说笑，动作迅速准确，以免刺激母猪，引起母猪不安，影响正常分娩。接产人员必须将指甲剪短、磨光、洗净消毒双手。

（1）助产。胎儿娩出后，用左手握住胎儿，右手将连于胎盘的脐带在距离仔猪腹部 $3 \sim 4cm$ 处把脐带用手掐断或用剪刀剪断（一般为防止仔猪流血过多，不用剪刀），在断处涂抹碘酒消毒。

断脐出血多时，可用手指掐住断头，直到不出血为止。用洁净的毛巾、拭布或软草迅速擦去仔猪鼻端和口腔内的黏液，防止仔猪憋死或吸进液体呛死，然后用拭布或软草彻底擦干仔猪全身黏液。尤其在冬季，擦得越快越好，以促进血液循环和防止体热散失，并迅速将仔猪移至安全、保温的地方，如护仔箱内。留在腹部的脐带3天左右可自行脱落。

（2）假死仔猪救助。生产中常常遇到分娩出的仔猪，全身松软，不呼吸，但心脏及脐带基部仍在跳动，这样的仔猪称为假死仔猪。一般来说，心脏、脐带跳动有力的假死仔猪经过救助大多可救活。救助时用毛巾、拭布或软草迅速将仔猪鼻端、口腔内的黏液擦去，并用毛巾擦干仔猪躯体。然后让仔猪四肢朝上，一手托肩背部，一手托臀部，两手配合一屈一伸，反复进行，直到仔猪发出叫出声为止。救助过来的假死仔猪一般较弱，需进行人工辅助哺乳和特殊护理，直至仔猪恢复正常。

（3）难产处理及预防。产期已到的怀孕母猪，表现出反复起卧、阵缩、努责、羊水排出等产仔特征，但却不见胎儿排出，即可认为母猪已发生了难产。难产时，若不及时采取措施，可能造成母仔双亡，即使母猪幸免生存下来，也常易发生生殖器官疾病，导致不育。

难产时处理方法常见有以下几种：首先，用力按压母猪乳房，然后用力按压腹部，帮助仔猪产出。若反复进行 20～30min 仍无效果，应采取其他方法。对老龄体弱、娩力不足的母猪，可肌肉注射催产素，促进子宫收缩，必要时可注射强心剂，如半小时左右胎儿仍未产出，应进行人工助产。

具体操作方法：将指甲剪短、磨光，以防损伤产道；手及手臂先用肥皂水洗净，然后用2%来苏尔液或1%高锰酸钾液消毒，再用75%医用酒精消毒，最后在已消毒的手及手臂上涂抹润滑剂；母猪外阴部也用上述消毒液消毒；将手指尖合拢呈圆锥状，手心向上，在子宫收缩间歇时将手及手臂慢慢伸入产道，对胎位异常引起的难产，可将手伸入产道内矫正胎位，握住胎儿的适当部位（下颌、腿）后，随着母猪子宫收缩的频率，缓慢将胎儿拉出。助产后应给母猪注射抗生素类药物，防止感染。

对于羊水排出过早、产道干燥、产道狭窄、胎儿过大等原因引起的难产，可先向母猪产道中灌注生理盐水或洁净的润滑剂，然后按上述方法将胎儿拉出。

（4）清理胎衣及被污染的垫草。母猪产后半小时左右排出胎衣，母猪排出胎衣，表明分娩已结束，此时应立即清除。若不及时清除胎衣，被母猪吃掉，可能会引起母猪食仔的恶习。污染的垫草等也应清除，换上新垫草，同时将母猪外阴部、后躯等处血污清洗干净、擦干。胎衣也可利用，将其切碎煮汤，分数次喂给母猪，以利母猪恢复和泌乳。

（5）剪犬齿。仔猪的犬齿容易咬伤母猪乳头，应在仔猪生后剪掉。剪牙的操作很方便，有专用的剪牙钳，也可用指甲刀，断面要平滑整齐，并用2%碘酒涂抹断端，防止感染。

### （七）哺乳母猪的营养需要及管理

母乳是仔猪出生后20天内的主要营养来源，因此，哺乳母猪饲养管理的主要目标就是提高母猪泌乳力，保证仔猪的成活和快速生长。同时，保证母猪在断奶时拥有良好的体况，使其能在断奶后短时间内发情，顺利进入下一个繁殖周期。

#### 1. 母猪的泌乳规律

母猪的乳房结构特殊，每个乳房有2~3个乳腺团组成，分别由乳腺管通向乳头。乳房之间互不相连。母猪的乳池极度退化，不能储存乳汁，不能随时排乳。母猪只有在仔猪拱撞乳房、仔猪叫声等各种刺激下才能放乳。每次放乳时间很短，只有10~20s。母猪约每隔1h放乳一次，每昼夜平均21次。

猪乳可分为初乳和常乳。母猪产后3天内所分泌的乳汁称为初乳，3天后所分泌的乳汁为常乳。初乳中蛋白质含量高，富含

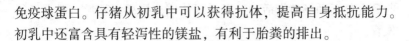

免疫球蛋白。仔猪从初乳中可以获得抗体，提高自身抵抗能力。初乳中还富含具有轻泻性的镁盐，有利于胎粪的排出。

**2. 哺乳母猪的饲养**

（1）营养需要。哺乳母猪要分泌大量的乳汁，而乳中蛋白质含量较高且品质优良。因此，蛋白质合理供给对提高泌乳量有决定性作用。一般哺乳母猪饲料中粗蛋白质含量应为14%左右，并且要注意蛋白质饲料的搭配。哺乳母猪对能量的需要，由于受带仔数、哺乳期长短、哺乳期体重等因素的影响，其能量需要并不一致。猪乳中矿物质含量在1%左右，其中钙0.2%左右，磷0.15%左右。若矿物质不足，泌乳量降低，为满足泌乳的需要，母猪还要动用骨钙和骨磷，常常由此引起骨质疏松症而瘫痪。维生素对维持母猪健康、保证泌乳和仔猪正常发育都是必要的。因此，对哺乳母猪应尽量多给些富含维生素的饲料。

（2）饲喂技术。饲料多样配合，保证母猪全价饲粮。原料要求新鲜优质、易消化、适口性好，体积不宜过大。有条件时，加喂优质青绿饲料或青贮饲料。

母猪刚分娩后，处于高度的疲劳状态，消化机能弱。开始应喂给稀粥料，2～3天后，改喂湿拌料，并逐渐增加，分娩后第一天喂0.5kg，第二天喂2kg，第三天喂3kg。5～7天后，达到正常标准。

饲喂要遵循少给勤添的原则，采用生湿拌料或颗粒饲料饲喂。一般每天3～4次，达泌乳高峰时，可视情况在夜间加喂一次。产房内设置自动饮水器，保证母猪随时饮水。

**3. 哺乳母猪的管理**

（1）提供安静舒适的环境。猪舍内应要随时清扫粪便，保持干燥清洁，温度适宜，阳光充足，空气新鲜。冬季应注意保温，并防止贼风侵袭；夏季应注意防暑。

（2）适量运动。一般在分娩3～5天后，让母猪带领仔猪一起到舍外运动场自由活动，以增强体质，提高泌乳量，促进仔猪发育。

（3）保护好乳房及乳头。母猪乳腺的发育与仔猪的吮吸有很大关系，特别是头胎母猪，一定要使所有乳头都能均匀利用，以免未被利用的乳头萎缩。当带仔数少于乳头数时，可以训练仔猪吃两个乳头的乳汁。

（4）日常管理。饲养人员在日常管理中，应经常观察母猪采食、粪便、精神状态及仔猪的生长发育和健康表现，若有异常，及时采取措施，妥善处理。

# 四、商品肉猪饲养管理技术

肉猪也叫生长育肥猪，是从 70 日龄至育肥出栏这一阶段的猪。这一阶段猪生长快，饲料消耗多，是决定养猪经营获得最终经济效益高低的重要时期。

## （一）肉猪生产前的准备

### 1. 猪圈的消毒

肉猪生产宜采用全进前出制。上批肉猪出栏后，舍内舍外必须进行彻底清扫，清除杂物、粪便及垫料；其次用水从上至下彻底冲洗顶棚、墙壁、地面及栏架，直到清洗干净为止。经晾晒干燥后，再喷洒消毒一次。消毒后一周方可进猪。

### 2. 选购猪苗

小型养猪场、养猪专业户和一些农户，一般不养种猪而是选购仔猪肥育。购买仔猪时首先应从防疫制度严格的猪场选择；其次应挑选三元杂交猪，因为其生活力强，生长速度快，省饲料。再者挑选健康和体型好的仔猪。

从外形上看健康猪只被毛整齐，有光泽，皮肤干净，腹部无泥垢，尾巴摇摆不停，耳根不烫手，仔猪叫声清脆，体型好。应选身腰长，前胸宽，嘴筒长短适中，口叉深而唇齐，后臀丰满，四肢粗壮有力，体躯各部分发育匀称的猪只。另外俗话说"出生少一两，断奶少一斤，出栏少十斤"，所以购买时要买一窝中体重最大的，不能为了省钱，买体小仔猪。刚购进的仔猪还要隔离饲养一段时间，确认没有传染病时，再根据性别、体重、采食快慢等因素合理分群饲养。

**3. 选择适宜的育肥方式**

一条龙育肥法：根据肉猪生长发育的需要，给予相应的营养，全期实行全价平衡日粮敞开饲喂。此种方法猪生长速度快，肥育期短，但饲料利用率和胴体品质较差。

前高后低育肥法：肉猪体重在60kg之前采用高能量、高蛋白饲粮，自由采食或按顿饲喂不限量，日喂3~4次；肉猪体重达60kg以后，限制采食量，让猪吃到自由采食量的75%~80%。此法虽然对日增重有些影响，但能提高饲料效率和胴体瘦肉率。

在目前市场喜爱瘦肉的情况下，两种方法相比较，前高后低育肥法使用更为普遍。

**（二）创造适宜的猪舍环境条件**

良好的猪舍环境条件有利于健康，减少疾病发生，同时又能促进肉猪的生长，减少恶劣环境条件带来的经济损失。

**1. 适宜的环境温度和湿度**

生长猪的适宜环境温度为16~23℃。在这个温度范围内猪生长快，饲料转化率高。若温度过低会降低饲料利用率，温度过高食欲减退，采食量下降，所以冬季应做好防寒保暖，夏季应做好防暑降温。

温度对肉猪增重的影响是与湿度相联系的。温度适宜时，舍内湿度在45%~75%都不会影响肉猪的采食、增重。而获得最高日增重的适宜温度为20℃，相对湿度为50%。在适宜的温度条件下，湿度对增重的影响最小。

**2. 通风换气**

通风换气可保持舍内空气清洁，排出有毒有害气体，减少疾病发生。一般农户可通过开窗时间增加通风，也可安装专门的风机。但冬季要注意与保暖相结合，夏季可与降温相结合。

**3. 合理光照**

一般情况下，光照对肉猪的日增重与饲料转化率均无显著影响。然而适宜的太阳光照对猪舍有杀菌、消毒、提高猪群免疫力和预防佝偻病的作用。

**4. 保持环境安静**

噪声对肉猪的休息、采食、增重都有很大影响，还会引起猪惊恐、降低食欲。所以，猪场内要保持环境安静，远离工厂、道路及人群密集区。

**（三）良好的饲养管理**

**1. 饲料的调制和饲喂**

饲料是肉猪生长发育的物质基础。科学地调制饲料，对提高肉猪的增重速度和饲料利用率、降低生产成本有着重要意义。饲料调制首先选择营养全面和适合的饲料配方，其次要选择品质好的饲料原料，饲料调制的过程中要混合均匀。而饲粮的饲喂应生料干喂或湿拌料饲喂为好，湿拌料料水比为 1：（1~1.5）。同时饲喂应定时、定点、定量，饲喂次数宜每天饲喂 3~4 次。

**2. 供给充足清洁的饮水**

养猪必需供给充足清洁的饮水，如果饮水不足或饮水不干净，会降低食欲，生长速度减慢，严重者引起疾病。肉猪的饮水一般以在圈内安装自动饮水器为好，也可设置专门水槽，让猪自由饮水。

### 3. 训练"三点定位"，保持舍内清洁

"三点定位"即采食、睡觉、排粪尿地点固定在圈内三处，形成条件反射，以便保持舍内清洁、干燥，利于猪的生长。具体方法是：猪调入新圈前，将圈舍打扫干净并消毒，在猪睡觉处铺上垫草，食槽内放入饲料，在指定排粪尿点堆放少量粪便或泼点水，并勤于守候看管。这样经过几天的训练，就会养成猪"三点定位"的习惯。

### 4. 合理的饲养密度

合理的饲养密度不但能增加初期建筑投资的收益，而且还能避免猪只咬尾症的发生，提高增重率。一般以每栏饲养 10～20 头，每头占栏面积 0.8～1.0m$^2$ 为宜。密度过大难以建立固定的位次关系，造成频繁打斗。密度过小饲养效果较好，但猪舍建筑、设备利用效率低。另外，肉猪的饲养密度可随着季节的变化加以调整。例如，在寒冷的冬季每栏可多放养 1～2 头；在炎热的夏天，可减少 1～2 头，这样可产生较好的生产成绩。

### 5. 去势

去势可使性器官停止发育，性机能停止活动，肉猪表现安静，食欲增强，同化作用加强，脂肪沉积能力增加，日增重可提高 7%～10%，饲料利用率也提高，而且还可改善猪肉品质。瘦肉型品种猪，性成熟较晚，母猪一般 6～8 月龄才开始发情，肉猪在此时已经出栏了，所以，瘦肉型母猪可以不去势。但公猪含有雄烯酮和粪臭素，会影响肉的品质，所以育肥公猪以去势为好。

去势时，要注意猪的身体状况，尽量保证去势后不影响其正常生长。去势前后，要严格消毒，并保持圈舍卫生，以防创口感染。还要加强去势后的看护，避免猪之间的相互争斗而影响伤口的愈合。

### 6. 驱虫、防疫

肉猪的寄生虫主要有蛔虫、姜片吸虫、疥螨和虱子等体内外寄生虫。体内寄生虫以蛔虫感染最为普遍，主要危害 3～6 月龄的猪。患猪生长缓慢，消瘦，被毛蓬乱无光泽，严重可形成僵猪。通常在 90 日龄进行第一次驱虫，必要时在 135 日龄进行第二次驱虫。驱除疥螨和虱子可使用 2% 敌百虫溶液等药物，对猪体及所接触的猪栏各处进行喷雾，如一次不愈，可隔周再喷一次。

为避免传染病的发生，保障肉猪安全生产，按规定免疫程序进行传染病的预防非常重要。免疫的疫苗要严格按照要求运输和保存，以免失效。大群接种时，要事先进行小群接种观察，确认无异常反应后，方可进行。接种时，要按疫苗标签规定的部位和剂量准确操作，争取头头注射，个个免疫。

### （四）适时出栏屠宰

猪的生长发育有一定规律性，当长到一定阶段后脂肪增加，瘦肉率降低，同时饲料报酬下降。所以，生长育肥猪出栏体重不宜过大，避免猪体过肥；但也不宜体重过小，因肉猪未充分发育，瘦肉量少，肉质不佳，同时屠宰率低，也不经济。

所以，肉猪的最佳出栏活重的确定，要结合猪的生长发育规律、日增重、饲料转化率、市场需求等因素综合考虑。我国地方猪种适宜出栏活重为 70～75kg，二元杂交猪适宜屠宰活重为 85～100kg，内三元杂交猪为 90～100kg，外三元杂交猪为 100～110kg。

## 五、猪群保健与疾病防治

"防重于治，养重于防；养防结合，饲管优先。"是现代养猪生产永恒的主题。在目前猪病比较复杂的情况下，首先要做好猪群的免疫注射和药物保健工作，再配合科学的饲养管理，以及猪舍、场区的消毒工作，以确保猪群的健康，从而保证正常稳定的生产，创造更大的经济效益。

### （一）常规保健制度

我国四季气候迥异，季节间气温变化明显，如果此时猪体自身的调节功能不力，就可能会对其造成一定危害，从而影响生长发育，甚至造成更大的损失，若能根据各季的气候特点及疾病的发生规律，在疾病发生之前进行针对性药物预防保健，则可以有效地预防多种常见病、多发病的发生。

春季气候由寒转暖，万物开始复苏，同时也是多种疾病易发的季节。此时猪体的新陈代谢刚开始增强，各种致病菌开始活跃，但由于猪体的抗病力尚未完全得到恢复，抗病能力仍然比较弱。因此，此季节应及时疏通猪体代谢"通道"，以预防疾病的发生。

夏季气候炎热，而湿气较重，如果管理不善，猪群极易患痈疽疮肿等瘟毒症及肺经积热诸症，此季应以清热泻火、抗菌消炎为主。

秋季气候干燥，气候开始由热转凉，猪群易发生肺燥咳喘，此季应注意猪群的润肺止咳、理气平喘。

冬季气候寒冷，能量消耗较多，猪体代谢功能降低，抗逆性差，易受寒凝淤血之患。此季应加强猪群抗寒、抗病能力以及开胃增进食欲等。

### （二）各阶段猪群保健

#### 1. 后备母猪

（1）保健目的。控制呼吸道疾病的发生，预防喘气病及胸膜肺炎等出现；清除后备母猪体内病原菌及内毒素；增强后备母猪的体质，促进发情，获得最佳配种率。

（2）推荐药物及方案。

①后备母猪在引入第一周及配种前一周，在兽医指导下于饲料中适当添加抗应激药物如电解多维、维生素 C、矿物质添加剂等和广谱抗生素药物如支原净、强力霉素、利高霉素、泰乐菌素、阿莫西林、土霉素等。

②每吨饲料中添加支原净 100mg/kg + 强力霉素 200mg/kg，连喂 5 ~ 7 天；或者每吨饲料中添加土霉素 400 ~ 500mg/kg 或利高霉素 1kg + 阿莫西林 300mg/kg，连喂 5 ~ 7 天。

**2. 妊娠、哺乳母猪**

（1）保健目的。驱虫、预防喘气病、预防子宫炎，提高妊娠质量。

（2）推荐药物及方案。

①妊娠母猪对抗生素要求高，必须使用安全性高的药物，有严格的剂量控制。

②根据流行的不同疾病特点，妊娠前期进行一次集中于饲料用药。

如每吨饲料中添加支原净 100mg/kg + 磺胺五甲嘧啶 200g + TMP 40g + 土霉素 400g/强力霉素 150mg/kg，连喂 7 天。

③临产前后 7 天，每吨饲料添加利高霉素 1kg + 强力拜固舒（抗应激）500g 或者支原净 100mg/kg + 土霉素 400g，连喂 5 ~ 7 天。

④可在分娩当天肌注青霉素 1 万 ~ 2 万单位/千克体重，链霉素 100mg/kg 体重，或肌注氨苄青霉素 20mg/kg 体重，或肌注庆大霉素 2 ~ 4mg/kg 体重，或长效土霉素 5ml。

**3. 哺乳仔猪**

（1）保健目的。

①初生仔猪（0 ~ 6 日龄）预防母源性感染（如脐带、产道、哺乳等感染），主要对大肠杆菌、链球菌等。

②5～10日龄开食前后仔猪要控制仔猪开食时发生感染及应激。

（2）推荐药物及方案。

①仔猪吃初乳前口服庆大霉素1～2ml，或土霉素半片。

②仔猪出生后2～3天补铁、补硒，如出生后第2天进行含硒铁剂于大腿内侧深部注射，1.2ml/头；同时肌注"得米先"（美国硕腾）0.5ml/头；可选择7天再注射一次，或7天、21天各注射一次。

③5～7日龄开食补料前后适当添加一些抗应激药物如开食补盐、维生素C、多维、电解质等。

④恩诺沙星、诺氟沙星、氧氟沙星及环丙沙星饮水。每千克水加50mg；拌料：每千克饲料加100mg。

⑤新霉素。每千克饲料添加110mg，母仔共喂3～5天。

⑥强力霉素、阿莫西林。每吨仔猪料各加300g连喂5～7天。

⑦呼肠舒。每吨仔猪料加2 000g连喂5～7天。

### 4. 断奶仔猪（保育段）

（1）保健目的。

①21～28日龄断奶前后仔猪预防气喘病和大肠杆菌病等。

②60～70日龄小猪预防喘气病及胸膜肺炎、大肠杆菌病和寄生虫。

③减少断奶应激，预防断奶后腹泻和呼吸系统疾病。

（2）推荐药物及方案。

①在断奶转群至保育3天内于饲料中或饮水中添加电解多维，以减少应激。

②断奶前后，可用普鲁卡因青霉素＋金霉素＋磺胺二甲嘧啶，拌喂1周。

③断奶后，每吨饲料添加支原净100mg/kg＋阿莫西林300mg/kg，连喂5～7天。

④转群前5天于每吨饲料中添加药物支原净100mg/kg＋磺胺

五甲嘧啶 400g + TMP 80g + 强力霉素 200mg/kg，连喂 5 ~ 7 天。

**5. 肥育猪**

（1）保健目的。此阶段主要是预防寄生虫、呼吸系统疾病和促生长。重点注意 13 ~ 15 周龄、18 ~ 20 周龄两阶段。

（2）推荐药物及方案。

①保育转群至育肥后饲料中添加电解多维及药物，每吨饲料中添加氟苯尼考 2.5kg + 强力霉素 200mg/kg 或者泰乐菌素 250g + 金霉素 300mg/kg，连用 7 天。

②促生长剂。可添加速大肥和黄霉素等。

③驱虫用药。可选择伊维菌素、阿维菌素等。

④以后每间隔一个月用药一周，脉冲式不重复用药。

**（三）防疫制度制定及免疫接种**

猪场消毒制度：为了控制传染源，切断传播途径，确保猪群的安全，则必须严格做好日常的消毒工作。规模化猪场日常消毒程序如下。

（1）非生产区消毒。

①凡一切进入养殖场人员（来宾、工作人员等）必须经大门消毒室，并按规定对体表、鞋底和人手进行消毒。

②大门消毒池长度为进出车辆车轮 2 个周长以上，消毒池上方最好建顶棚，防止日晒雨淋；并且应该设置喷雾消毒装置。消毒池水和药要定期更换，保持消毒药的有效浓度。

③所有进入养殖场的车辆（包括客车、饲料运输车、装猪车等）必须严格消毒，特别是车辆的挡泥板和底盘必须充分喷透，驾驶室等必须严格消毒。

④办公室、宿舍、厨房及周围环境等必须每月大消毒一次。疫情爆发期间每天必须消毒 1 ~ 2 次。

（2）生产区消毒。

①生产人员（包括进入生产区的来访人员）必须更衣消毒沐

浴，或更换一次性的工作服，换胶鞋后通过脚踏消毒池（消毒桶）才能进入生产区。

②生产区入口消毒池每周至少更换池水、池药2次，保持有效浓度。生产区内道路及5m范围以内和猪舍间空地每月至少消毒两次。售猪周转区、赶猪通道、装猪台及磅秤等每售一批猪都必须大消毒一次。

③更衣室要每周末消毒一次，工作服在清洗时要消毒。

④分娩保育舍每周至少消毒两次，配种妊娠舍每周至少消毒一次。肥育猪舍每两周至少消毒一次。

⑤猪舍内所使用的各种饲喂、运载工具等必须每周消毒一次。

⑥饲料、药物等物料外表面（包装）等运回后要进行喷雾或密闭熏蒸消毒。

⑦病死猪要在专用焚化炉中焚烧处理，或用生石灰和烧碱拌撒深埋。活疫苗使用后的空瓶应集中放入装有盖塑料桶中灭菌处理，防止病毒扩散。

**（四）消毒过程中注意事项**

（1）在进行消毒前，必须保证所消毒物品或地面清洁。否则，起不到消毒的效果。

（2）消毒剂的选择要具有针对性，要根据本场经常出现或存在的病原菌来选择消毒剂（表3-6）。

（3）消毒剂要根据厂家说明的方法操作进行，要保证新鲜，要现用现配，配好再用，忌边配边用。

（4）消毒作用时间一定要达到使用说明上要求的时间，否则会影响效果或起不到消毒作用。

**表 3 - 6　常用消毒药使用方法**

| 消毒药种类 | 消毒对象及适用范围 | 配制浓度 |
|---|---|---|
| 烧碱 | 大门消毒池、道路、环境<br>猪舍空栏 | 3%<br>2% |
| 生石灰 | 道路、环境、<br>猪舍墙壁、空栏 | 直接使用<br>调制石灰乳 |
| 过氧乙酸 | 猪舍门口消毒池、赶猪道、<br>道路、环境 | 1：200 |
| 卫康（氧化＋氯） | 生活办公区<br>猪舍门口消毒池、<br>猪舍内带猪体消毒 | 1：1 000 |
| 农福（酚） | 生活办公区<br>猪舍门口消毒池、<br>猪舍内带猪体消毒 | 1：200 |
| 消毒威（氯） | 生活办公区<br>猪舍门口消毒池、<br>猪舍内带猪体消毒 | 1：2 000 |
| 百毒杀（季铵盐） | 生活办公区<br>猪舍门口消毒池、<br>猪舍内带猪体消毒 | 1：1 000 |

**（五）配套防疫措施**

（1）隔离。建立健全完善的隔离制度，并严格实施。

①人员隔离。生产区、生活区和污水处理区要严格隔离开来。凡进入生产区人员都应洗澡、更衣、换鞋帽后才准许进入生产区，非生产工作人员禁止进入生产区。生产区各栋舍人员保持相对稳定，不互串栋舍。外出或休假员工回场应先在生活区隔离净化至少 48h 后方可按场内人员同样方法洗澡、淋浴进入生产区工作。出猪台人员严格区分内外界线，场内赶猪人员把猪赶至围栏处的隔离带返回，不得超出隔离墙。外界接猪人员再把猪赶上装猪台装车。

②猪只隔离。场内猪只采取单向流动，即哺乳→保育→生长

肥育→出栏，不得回头。场内道路净道与污道严格区分，饲料工作人员走净道，猪粪、胎衣、患猪、死猪由污道通行，不得交叉。新引进的后备母猪应在场外隔离舍隔离 4~6 周，隔离舍至少远离猪场100m。此外在猪场下风处应设患猪隔离舍、病死猪解剖室和"堆肥法"病死猪处理场。

③车辆隔离。车辆分为场内生产区车辆和生产区外用车，严禁非生产区车辆进入生产区，生产区内车辆严禁驶出生产区外。运送饲料的车辆只能在饲料厂或料仓内通过输送带或绞龙把饲料送入场内料车或料仓内，不得直接送入生产区内。送猪车先由场内装猪车装好，送至猪场围墙外出猪台实行远距离对接或赶入场外专设装猪台后，再赶上卖猪车。

④物品的隔离。进入生产区的各种物品，如疫苗、药物、消毒剂以及各种用具、工具均要经过三间互不同时开关的三个门通道，其中中间一间为福尔马林蒸汽熏蒸消毒间，彻底消毒后由内一间送入场内。

（2）实施全进全出的饲养工艺。生产线上分娩保育、生长肥育、怀孕等各个环节都严格实行全进全出饲养制度，每批次猪只转栏或出栏后的空栏先清洁卫生，再高压冲洗，待干后用不同消毒药消毒 3 次，空闲最少7~10天再进下一批猪只，这样可有效地切断疫病的传播途径，防止病原微生物在群体中形成连续感染、交叉感染。

**（六）接种疫苗注意事项**

（1）疫苗为特种兽药，在疫苗购买回后要认真阅读说明书，严格按照说明书要求对疫苗采取冷冻或冷藏保存。

（2）疫苗免疫接种前，应详细了解接种猪只的健康状况。凡瘦弱、有慢性病、怀孕后期或饲养管理不良的猪只不宜使用。

（3）在进行疫苗免疫接种时，疫苗从冰箱取出后，应恢复至室温再进行免疫接种。

（4）气温骤变时停止接种，在高温或寒冷天气注射时，应选择合适时间注射，并提前2~3天在饲料或饮水中添加抗应激药物，可有效减轻猪的应激反应。

（5）稀释后的疫苗要在4小时内用完，对未用完的疫苗要深埋处理。

### （七）免疫接种

（1）后备母猪。

| 阶段 | 日龄 | 疫苗 | 参考厂家 | 剂量 | 备注 |
| --- | --- | --- | --- | --- | --- |
| | 150 | 猪瘟 | 广东永顺 ST 苗 | 3ml | |
| | 157 | 伪狂犬 | | 1ml | |
| | 164 | 口蹄疫 | 中农威特 | 3ml | |
| | 171 | 乙脑 | 海利 | 2ml | |
| | 178 | 细小 | 武汉科前 | 2ml | 存在萎缩性鼻 |
| 后备母猪 | 185 | 蓝耳 | 勃林格 | 1ml | 炎、魏氏梭菌 |
| | 192 | 圆环 | 梅里亚 | 2ml | 时，自行添加 |
| | 202 | 乙脑二免 | 湖南亚华 | 2ml | |
| | 209 | 细小二免 | 武汉科前 | 2ml | |
| | 216 | 蓝耳二免 | 勃林格 | 1ml | |
| | 223 | 圆环二免 | 梅里亚 | 2ml | |

（2）经产母猪。

| 阶段 | 疫苗 | 参考厂家 | 普放 | 剂量 | 备注 |
| --- | --- | --- | --- | --- | --- |
| | 猪瘟 | 广东永顺 ST 苗 | 3 次/年 | 3 头份 | 时间以场内情况定 |
| | 伪狂犬 | 进口厂家 | 4 次/年 | 1 头份 | 时间以场内情况定 |
| | 口蹄疫 | 中农威特 | 3 次/年 | 3ml | 时间以场内情况定 |
| 经产母猪 | 乙脑 | 海利 | 2 次/年 | 1 头份 | 每年 3、9 月 |
| | 蓝耳 | 勃林格 | 果以前未防疫过，先普防两次后再跟胎做，两次普放间隔 1 个月时间 | 1 头份 | 时间以场内情况定 |
| | 圆环 | 梅里亚 | | 1 头份 | |

（3）仔猪。

| 阶段 | 日龄 | 疫苗 | 参考厂家 | 剂量 | 备注 |
|---|---|---|---|---|---|
| 仔猪 | 3 | 伪狂犬 | 勃林格 | 1头份滴鼻 | 如果母猪已做梅里亚圆环，仔猪猪群在稳定情况下可以考虑不做，仔猪群不稳定的，坚持此程序执行，直至稳定，再逐步考虑不做，如母猪未做，仔猪执行此程序 |
| | 7 | 支原体 | 勃林格或硕腾 | 2ml | |
| | 12~14 | 蓝耳 | 勃林格 | 1头份 | |
| | 21~25 | 圆环 | 勃林格 | 2ml | |
| | 35 | 猪瘟 | 广东永顺ST苗 | 1.5头份 | |
| | 45 | 伪狂犬 | 勃林格 | 1头份 | |
| | 55 | 猪瘟 | 广东永顺ST苗) | 2ml | |
| | 65 | 口蹄疫 | 中农威特（高效 | 3ml | |
| | 95 | 口蹄疫 | 中农威特（高效 | 4ml | |

（4）注射部位及针头选择。

| 猪只体重 | 所用针头型 | 注射部位 | 备注 |
|---|---|---|---|
| 1.5~2kg | 7×13 | 耳后一指宽，中上部 | 仔猪超免 |
| 2~4kg | 9×13 | 耳后一指宽，中上部 | 产房乳猪 |
| 4~6kg | 9×15 | 耳后一指宽，中上部 | 产房乳猪 |
| 6~20kg | 12×20 | 耳后二指宽，中上部 | 保育仔猪 |
| 20~70kg | 12×25或16×25 | 耳后二指宽，中上部 | 生长猪群 |
| 70~120kg | 12×38或16×38 | 耳后三指宽，中上部 | 后备猪群或育成猪 |
| 120kg及以上 | 12×38或16×38 | 耳后三指宽，中上部 | 种猪群或育肥大猪 |

## （八）主要传染病防治措施

### 1. 猪瘟

临床症状：常分急性败血型和慢性温和型两种（非典型性），急性体温升高至40.5~42℃，眼结膜潮红，先便秘后腹泻。口腔黏膜和眼结膜有小出血点，耳尖、腹下、四肢内侧皮肤有出血斑和紫斑。"非典型性猪瘟"临床表现主要症状轻微，死亡率低，仅仔猪感染有较高死亡率。

剖检病变：颌下、咽背、腹股沟、支气管、肠系膜等处的淋巴结较明显肿胀，外观颜色从深红色到紫红色，切面呈红白相间的大理石样；脾脏不肿胀，边缘常可见到紫黑色突起（出血性梗死），有梗死灶；肾脏色较淡呈土黄色，表面点状出血，肾乳头、肾盂常见有严重出血。胃底部黏膜出血溃疡。喉头、膀胱黏膜、会厌软骨粘膜有出血点。慢性型特征性病变为回盲口的纽扣状溃疡。

防治：目前尚无有效的药物治疗猪瘟，发病后主要控制继发感染。最重要的就是严格做好综合预防措施。

①对病猪和可疑病猪应立即隔离或扑杀，康复后再接种猪瘟弱毒苗；对同群猪要固定专人就地观察和护理，严禁扩散或转移。

②对假定健康猪紧急接种猪瘟弱毒苗。

③采用大剂量猪瘟疫苗（10~20头份或更大剂量）对可疑病猪接种，有一定疗效。

④对猪舍环境及用具进行紧急消毒，消毒最好用氢氧化钠溶液、草木灰水或漂白粉液。

**2. 猪口蹄疫**

临床症状：体温升高到40℃以上；成年病猪以蹄部水泡为主要特征，口腔黏膜、鼻端、蹄部和乳房皮肤发生水疱溃烂；乳猪多表现急性胃肠炎、腹泻以及心肌炎而突然死亡。

剖检病变：心脏，心包膜有出血斑点，心包积液，心肌切面可见灰白色或淡黄色斑点或条纹，称虎斑心。胃肠黏膜出血性炎症。

防治：

①控制。免疫口蹄疫灭活油苗，所用疫苗的病毒型必须与该地区流行的口蹄疫病毒型相一致；同时选用对口蹄疫病毒有效的

消毒剂。

②预防。后备母猪（4月龄）、生产母猪配种前、产前1个月、断奶后1周龄时肌注猪口蹄疫灭活油苗；所有猪只在每年十月份注射口蹄疫灭活苗。

### 3. 伪狂犬病

临床症状：公猪睾丸肿胀，萎缩，甚至丧失种用能力；母猪返情率高；妊娠母猪发生流产、产死胎、木乃伊；新生仔猪大量死亡，4～6日龄是死亡高峰；病仔猪发热、发抖、流涎、呼吸困难、拉稀、有神经症状；扁桃体有坏死、炎症；肺水肿；肝、脾有直径1～2毫米坏死灶，周围有红色晕圈；肾脏布满针尖样出血点。确诊可用病死猪或脊髓组织液接种兔子，如2天后兔子的接种部位奇痒，兔子会从舔接种点发展到用力撕咬，持续4～6h死亡可确诊本病。

防治：

正发伪狂犬病猪场：用gE缺失弱毒苗对全猪群进行紧急预防接种，4周龄内仔猪鼻内接种免疫，4周龄以上猪只肌肉注射；2～4周后所有猪再次加强免疫，并结合消毒、灭鼠、驱杀蚊蝇等全面的兽医卫生措施，以较快控制发病。

伪狂犬病阳性猪场：

（1）生产种猪群。用gE缺失弱毒疫苗，肌肉注射，每年3～4次免疫。

（2）引进的后备母猪。用gE缺失弱毒疫苗，肌肉注射，2～4周后，再肌肉注射加强免疫。

（3）仔猪和生长猪。用gE缺失弱毒疫苗，3日龄鼻内接种，4～5周龄鼻内接种加强免疫，9～12周龄肌肉注射免疫。

### 4. 猪繁殖与呼吸综合征

临床症状：怀孕母猪咳嗽，呼吸困难，怀孕后期流产，产死胎、木乃伊或弱仔猪，有的出现产后无乳；新生仔猪病猪体温升高 40℃以上，呼吸迫促及运动失调等神经症状，产后 1 周内仔猪的死亡率明显上升。有的病猪在耳、腹侧及外阴部皮肤呈现一过性青紫色或蓝色斑块；3~5 周龄仔猪常发生继发感染，如嗜血杆菌感染；育肥猪生长不均；主要病变为间质性肺炎。

剖检病变：肺脏呈红褐花斑状，腹股沟淋巴结明显肿大。胸腔内有大量的清亮的液体。常继发支原体或传染性胸膜肺炎。

防治：

①控制。母猪分娩前 20 天，每天每头猪给阿斯匹林 8g，其他猪可按每千克体重 125~150mg 阿斯匹林添加于饲料中喂服；或者按 3 天釭 1 次喂服，喂到产前一周停止，可减少流产；同时使用呼乐芬或恩诺沙星等控制继发细菌感染。

②预防。后备猪 4 月龄时用弱毒苗首免，1~2 个月后加强免疫；仔猪断奶后用弱毒苗免疫。

**5. 细小病毒病**

临床症状：多见于初产母猪发生流产、死胎、木乃伊或产出的弱仔，以产木乃伊胎为主；经产母猪感染后通常不表现繁殖障碍现象，且无神经症状。在引起繁殖障碍的症状和剖检病变上与乙型脑炎相似，应加以区分。

防治：

①防止把带毒猪引入无此病的猪场。引进种猪时，必须检验此病，才能引进。

②对后备母猪和育成公猪，在配种前一个月免疫注射。

③在本病流行地区内，可将血清学反应阳性的老母猪放入后备种猪群中，使其受到自然感染而产生自动免疫。

④因本病发生流产或木乃伊同窝的幸存仔猪，不能留作种用。

**6. 日本乙型脑炎（流行性乙型脑炎）**

临床症状：主要在夏季至初秋蚊子孳生季节流行。发病率低，临床表现为高热、流产、产死胎和公猪睾丸炎。死胎或虚弱的新生仔猪可能出现脑积水等病变。

剖检病变：脑内水肿，颅腔和脑室内脑脊液增量，大脑皮层受压变薄，皮下水肿，体腔积液，肝脏、脾脏、肾脏等器官可见有多发性坏死灶。

防治：

①一旦确诊最好淘汰。

②做好死胎儿、胎盘及分泌物等的处理。

③驱灭蚊虫，注意消灭越冬蚊。

④在流行地区猪场，在蚊虫开始活动前 1～2 个月，对 4 月龄以上至两岁的公母猪，应用乙型脑炎弱毒疫苗进行预防注射，第二年加强免疫一次。

### 7. 猪传染性胃肠炎

临床症状：多流行于冬春寒冷季节，即 12 月至次年 3 月。大小猪都可发病，特别是 24h 至 7 日龄仔猪。病猪呕吐（呕吐物呈酸性）、水泻、明显的脱水和食欲减退。哺乳猪胃内充满凝乳块，黏膜充血。

剖检病变：整个小肠肠管扩张，内容物稀薄，呈黄色、泡沫状，肠壁弛缓，缺乏弹性，变薄有透明感，肠黏膜绒毛严重萎缩。胃底黏膜潮小点状或斑状出血，胃内容物呈鲜黄色并混有大量乳白色凝乳块（或絮状小片），胃幽门区有溃疡灶或坏死区。

防治：

①控制。在疫病流行时，可用猪传染性胃肠炎病毒弱毒苗作乳前免疫。防止脱水、酸中毒，给发病猪群口服补液盐。使用抗菌药控制继发感染。用卫康、农福、百毒杀带猪消毒，一天一次，连用 7 天；以后每周 1～2 次。

②预防。给妊娠母猪免疫（产前 45 天和 15 天）弱毒苗。肌注免疫效果差。小猪初生前 6 小时应给予足够初乳。若母猪未免疫，乳猪可口服猪传染性胃肠炎病毒弱毒苗。二联灭活苗作交巢

穴（后海穴）（猪尾根下、肛门上的陷窝中）注射有效。

**8. 猪流行性腹泻**

临床症状：多在冬春发生。呕吐、腹泻、明显的脱水和食欲缺乏。传播也较慢，要在 4 ~ 5 周内才传遍整个猪场，往往只有断奶仔猪发病，或者各年龄段均发的现象。病猪粪便呈灰白色或黄绿色，水样并混有气泡流行性腹泻。大小猪几乎同地发生腹泻，大猪在数日内可康复，乳猪有部分死亡。

防治：用猪流行性腹弱毒苗在产前 20 天给妊娠母猪作交巢穴（后海穴）或肌肉注射。

**9. 猪链球菌病**

临床症状：①新生仔猪发生多发性关节炎、败血症、脑膜炎，但少见。②乳猪和断奶仔猪发生运动失调，转圈、侧卧、发抖，四肢作游泳状划动（脑膜炎）。剖检可见脑和脑膜充血、出血。有的可见多发性关节炎、呼吸困难。在最急性病例，仔猪死亡而无临床症状。③肥育猪常发生败血症，发热，腹下有紫红斑，突然死亡。病死猪脾肿大。常可见纤维素性心包炎或心内膜炎、肺炎或肺脓肿、纤维素性多关节炎、肾小球肾炎。④母猪出现歪头、共济失调等神经症状、死亡和子宫炎。⑤E 群猪链球菌可引起咽部、颈部、颌下局灶性淋巴结化脓。C 群链球菌可引起皮肤形成脓肿。

防治：

①治疗。给病猪肌注抗菌药 + 抗炎药，经口给药无效。目前较有效的抗菌药为头孢噻呋（Ceftiofur），每日每千克体重肌注 5.0mg，连用 3 ~ 5 天；青霉素 + 庆大霉素、氨苄青霉素或羟氨苄青霉素（阿莫西林）、头孢唑啉钠、恩诺沙星、氟甲砜霉素等。也有一些菌株对磺胺 + TMP 敏感。肌注给药连用 5 天。

②预防。做好免疫接种工作，建议在仔猪断奶前后注射 2 次，间隔21 天。母猪分娩前注射 2 次，间隔21 天，以通过初乳

母源抗体保护仔猪。

### 10. 猪附红细胞体病

临床症状：猪附红细胞体病通常发生在哺乳猪、怀孕的母猪以及受到高度应激的肥育猪。发生急性附红细胞体病时，病猪体表苍白，高热达42℃。有时黄疸。有时有大量的淤斑，四肢、尾特别是耳部边缘发紫，耳廓边缘甚至大部分耳廓可能会发生坏死。严重的酸中毒、低血糖症。贫血严重的猪厌食、反应迟钝、消化不良。母猪乳房以及阴部水肿 1 ~ 3 天；母猪受胎率低，不发情，流产，产死胎、弱仔。剖检可见病猪肝肿大变性，呈黄棕色；有时淋巴结水肿，胸腔、腹腔及心包积液。

防治：

（1）治疗。

①猪附红细胞体现归类为支原体，临床上，常给猪注射强力霉素 10mg/kg 体重/天，连用 4 天，或使用长效土霉素制剂。对于猪群，可在每吨饲料中添加 800g 土霉素（可加 130mg/kg 阿散酸，以使猪皮肤发红），饲喂 4 周，4 周后再喂 1 个疗程。效果不佳时，应更换其他敏感药物。

②同时采取支持疗法，口服补液盐饮水，必要时进行葡萄糖输液，加 $NaHCO_3$。必要时给仔猪、慢性感染猪注射铁剂（200g 葡萄糖酸铁/头）。

③混合感染时，要注意其他致病因素的控制。

（2）预防。

①切断传播途径。注射时换针头，断尾、剪齿、剪耳号的器械在用于每一头猪之前要消毒。定期驱虫，杀灭虱子和疥螨及吸血昆虫。防止猪群的打斗、咬尾。在母猪分娩中的操作要带塑料手套。

②防治猪的免疫抑制性因素及疾病，包括减少应激。

（3）猪群药物防治：每吨饲料中添加 800g 土霉素加 130g 阿散酸，饲喂 4 周，4 周后再喂 1 个疗程。也可使用上述其他对支原体敏感的药物，如恩诺沙星、二氟沙星、环丙沙星、泰妙菌素、泰乐菌素或北里霉素、氟甲砜霉素等。预防时，作全群拌料给药，连用 7 ~ 14 天，或采取脉冲方式给药。

**11. 仔猪水肿病**

临床症状：一般在断奶后 10 ~ 14 天出现症状。多发于吃料多、营养好、体格健壮的仔猪。突然发病。病猪共济失调，有神经症状，局部或全身麻痹。体温正常。病死猪眼睑、头部皮下水肿，胃底部黏膜、肠系膜水肿。

防治：

①控制。发病猪的治疗效果与给药时间有关。一旦神经症状出现，疗效不佳。

②预防。断奶后 3 ~ 7 天在饮水或料中添加抗菌药，如呼肠舒、氧氟沙星、环丙沙星等，连给 1 ~ 2 周。目前常用的抗菌药有强力霉素、氟甲砜霉素、新霉素、恩诺沙星等。使用抗菌药治疗的同时，配合使用地塞米松。对病猪还可应用盐类缓泻剂通便，以减少毒素的吸收。

**12. 仔猪副伤寒**

临床症状：多见于 2 ~ 4 月龄的猪。持续性下痢，粪便恶臭，有时带血，消瘦。耳、腹及四肢皮肤呈深红色，后期呈青紫色（败血症）。有时咳嗽。扁桃体坏死。肝、脾肿大，间质性肺炎。肝、淋巴结发生干酪样坏死，盲肠、结肠有凹陷不规则的溃疡和伪膜。肠壁变厚（大肠坏死性肠炎）。

防治：

①控制。常用药物有氟甲砜霉素、新霉素、恩诺沙星、复方新诺明等，这些药物再配合抗炎药使用，疗效更佳。例如，氟甲砜霉素：口服 50 ~ 100mg/kg 体重·天，肌注 30 ~ 50ml/kg 体重·天，疗程 4 ~ 6 天，再配合地塞米松肌注。病死猪要深埋，不可食用，以免发生中毒，对尚未发病猪要进行抗菌素药物预防。

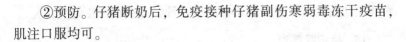

②预防。仔猪断奶后，免疫接种仔猪副伤寒弱毒冻干疫苗，肌注口服均可。

### 13. 猪断奶后多系统衰竭综合征

临床症状：该病多发于6～12周（5～14周，即断奶后3～8周），很少影响哺乳仔猪。病猪被毛粗糙，体表苍白，黄疸，有的皮肤有出血点，腹股沟淋巴结明显肿大。剖检病变为淋巴结肿大，但不出血，特别是腹股沟淋巴结、髂骨下淋巴结、肠系膜淋巴结。躯体消瘦、苍白，有时黄疸。肺呈橡皮样（间质性肺炎）。肝脏可能萎缩，呈青铜色。肾脏苍白，不一定出血，在肾皮质部常见白色病灶（间质性肾炎）。食道部、回盲口处溃疡。时常合并感染副猪嗜血杆菌病、沙门氏菌病、链球菌病、葡萄球菌病。

防治：对于猪断奶后多系统衰竭综合征目前尚无有效的治疗方法。可使用敏感抗菌药控制继发感染。预防可采用一般的生物安全措施。

### 14. 猪喘气病（猪支原体肺炎）

临床症状：病猪咳嗽、喘气，腹式呼吸。两肺的心叶、尖叶和膈叶对称性发生肉变至胰变。自然感染的情况下，易继发巴氏杆菌、肺炎球菌、胸膜肺炎放线杆菌。

鉴别诊断：应将本病与猪流感、猪繁殖与呼吸综合征、猪传染性胸膜肺炎、猪肺丝虫、蛔虫感染（多见于3～6月仔猪）等进行鉴别。

防治：

①母猪产前产后、仔猪断奶前后，在饲料中拌入100mg/kg枝原净，同时以75mg/kg恩诺沙星的水溶液供产仔母猪和仔猪饮用；仔猪断奶后继续饮用10天；同时需结合猪体与猪舍环境消毒，逐步自病猪群中培育出健康猪群。或以800mg/kg呼诺玢、土霉素、金霉素拌料，脉冲式给药。

②免疫：7～15日龄哺乳仔猪首免1次；到3～4月龄确定留

种用猪进行二免，供育肥不做二免。种猪每年春秋各免疫 1 次。

### 15. 猪胸膜肺炎

临床症状：常发于 6 周至 3 月龄猪。在急性病例，病猪昏睡、废食、高热。时常呕吐、拉稀、咳嗽。后期呈犬坐姿势，心搏过速，皮肤发紫，呼吸极其困难。剖检可见，严重坏死性、出血性肺炎，胸腔有血色液体。气道充满泡沫、血色、黏液性渗出物。双侧胸膜上有纤维素粘着，涉及心叶、尖叶。在慢性病例，病猪有非特异性呼吸道症状，不发热或低热。剖检可见，纤维素性胸膜炎，肺与胸膜粘连，肺实质有脓肿样结节。

鉴别诊断：猪流感、猪繁殖与呼吸综合征、单纯性猪喘气病。

防治：

①治疗。仅在发病早期治疗有效。治疗给药宜以注射途径。注意用药剂量要足。目前常用的药物：首选氟苯尼考（氟甲砜霉素）。其次是氧氟沙星或环丙沙星或恩诺沙星或二氟沙星等。

②预防。用包含当地的血清型的灭活菌苗进行免疫。在饲料中定期添加易吸收的敏感抗菌药物。

### 16. 猪肺疫（猪巴氏杆菌病）

临床症状：气候和饲养条件剧变时多发。急性病例高热。急性咽喉炎，颈部高度红肿。呼吸困难，口鼻流泡沫。咽喉部肿胀出血，肺水肿，有肝变区，肺小叶出血，有时发生肺粘连。脾不肿大。

鉴别诊断：猪流感、猪传染性萎缩性鼻炎、猪传染性胸膜肺炎、仔猪副伤寒、单纯性猪喘气病等。

防治：

①药物选用头孢菌素类和磺胺类药物治疗有较好的效果。

②在用抗菌药肌肉注射的同时可选用其他抗菌药拌料口服。每吨饲料添加磺胺嘧啶 800g，TMP 100g，连续混饲给药 3 天。

③该病常继发于猪气喘病和猪瘟的流行过程中。猪场做好其他重要疫病的预防工作可减少本病的发生。预防本病时要做好猪群定期的免疫接种。

### 17. 猪丹毒

临床症状：多发生于夏天 3～6 月龄猪，病猪体温升高。多数病猪耳后、颈、胸和腹部皮肤有轻微红斑，指压退色，病程较长时，皮肤上有紫红色疹块，呕吐。胃底区和小肠有严重出血，脾肿大，呈紫红色。淋巴结肿大，关节肿大。

鉴别诊断：病猪肌肉震颤，后躯麻痹。粪中带血，气味恶臭。全身皮肤淤血，可视黏膜发绀，口腔、鼻腔、肛门流血。头部震颤，共济失调。胃及小肠黏膜充血、出血、水肿、糜烂。腹腔内有蒜臭样气味。脾肿大、充血，胸膜、心内外膜、肾、膀胱有点状或弥漫性出血。慢性病例眼瞎、四肢瘫痪。

防治：青霉素、氧氟沙星或恩诺沙星等治疗有显著疗效。及时用青霉素按每千克体重 1.5 万～3 万单位，每天 2～3 次肌注，连用 3～5 天。绝大多数病例的疗效良好，极少数不见效，可选用哌拉西林，若与庆大霉素合用，疗效更好。

### （九）猪病诊断思路

由于规模化、集约化饲养方式的发展，生猪及其产品的流通渠道增多，使得猪病的传染源、传染媒介、传染途径极其复杂，猪病呈多种疫病交叉混合感染趋势。在这类混合感染中，既有 2 种或超过 2 种病毒、细菌的混合感染，也有病毒与细菌的混合感染，还有病毒病与寄生虫病，细菌病与寄生虫病，以及由多种病原和其他因素引起的疾病综合征，给猪病诊断和防治带来困难。

### 1. 母猪无临床症状而发生流产、死胎、弱胎的病

①细小病毒病、②猪传染性死木胎病毒病、③伪狂犬病、④衣原体病、⑤繁殖障碍性猪瘟、⑥猪乙型脑炎。

**2. 母猪发生流产、死胎、弱胎并有临床症状的病**

①猪繁殖和呼吸道综合征、②布氏杆菌病、③钩端螺旋体病、④猪弓形虫病、⑤猪圆环病毒病、⑥代谢病。

**3. 表现脾脏肿大的猪传染病**

①炭疽、②链球菌病、③沙门氏菌病、④梭菌性疾病、⑤猪丹毒、⑥猪圆环病毒病、⑦肺炎双球菌病。

**4. 表现贫血黄疸的猪病**

①猪附红细胞体病、②钩端螺旋体病、③猪焦虫病、④胆道蛔虫病、⑤新生仔猪溶血病、⑥铁和铜缺乏、⑦仔猪苍白综合征、⑧猪黄脂病、⑨缺硒性肝病。

**5. 猪尿液发生改变的病**

①真杆菌病（尿血）、②钩端螺旋体病（尿血）、③膀胱结石（尿血）、④猪附红细胞体病（尿呈浓茶色）、⑤新生仔猪溶血病（尿呈暗红色）、⑥猪焦虫病（尿色发暗）。

**6. 猪肾脏有出血点的病**

①猪瘟、②猪伪狂犬病、③猪链球菌病、④仔猪低血糖病、⑤衣原体病、⑥猪附红细胞体病。

**7. 表现体温不高的猪传染病**

①猪水肿病、②猪气喘病、③破伤风、④副结核病。

**8. 猪表现纤维素性胸膜肺炎和腹膜炎的病**

①猪传染性胸膜炎、②猪链球菌病、③猪鼻支原体性浆膜炎和关节炎、④副猪嗜血杆菌病、⑤衣原体病、⑥慢性巴氏杆菌病。

**9. 猪肝脏表现出坏死灶的病**

①猪伪狂犬病（针尖大小灰白色坏死灶）、②沙门氏菌病（针尖大小灰白色坏死灶）、③仔猪黄痢、④李氏杆菌病、⑤猪弓

形虫病（坏死灶大小不一）、⑥猪的结核病。

**10. 伴有关节炎或关节肿大的猪病**

①猪链球菌病、②猪丹毒、③猪衣原体病、④猪鼻支原体性浆膜炎和关节炎、⑤副猪嗜血杆菌病、⑥猪传染性胸膜肺炎、⑦猪乙型脑炎、⑧慢性巴氏杆菌病、⑨猪滑液支原体关节炎、⑩风湿性关节炎。

**11. 引发猪的肝脏变性和黄染的疾病**

①猪附红细胞体病、②钩端螺旋体病、③梭菌性疾病（大猪是诺维氏梭菌）、④黄曲霉毒素中毒、⑤缺硒性肝病、⑥金属毒物中毒、⑦仔猪低血糖、⑧猪戊型肝炎。

**12. 引起猪睾丸炎肿胀或炎症的疾病**

①布氏杆菌病、②猪乙型脑炎、③衣原体病、④类鼻疽。

**13. 表现皮肤发绀或有出血斑点的猪病**

①猪瘟、②猪肺疫、③猪丹毒、④猪弓形虫病、⑤猪传染性胸膜肺炎、⑥猪沙门氏菌病、⑦猪链球菌病、⑧猪繁殖和呼吸道综合征、⑨猪附红细胞体病、⑩衣原体病、⑪猪感光过敏、⑫病毒性红皮病、⑬亚硝酸盐中毒。

**14. 猪剖检见有大肠出血的传染病**

①猪瘟、②猪痢疾、③仔猪副伤寒。

**15. 引起猪小肠和胃黏膜炎症的传染病**

①流行性腹泻、②传染性胃肠炎、③轮状病毒病、④仔猪黄痢、⑤猪链球菌病、⑥猪丹毒。

**16. 猪剖检见有间质性肺炎的传染病**

①猪圆环病毒病、②猪繁殖和呼吸道综合征、③猪弓形虫病、④猪衣原体病。

**17. 猪正常血细胞值**

①HB：13.1、②RBC：800、③WBC：9 000～20 000。

**18. 猪的耳廓增厚或肿胀的病**

①猪感光过敏、②猪皮炎肾病综合征、③猪放线杆菌病。

**19. 常见未断奶仔猪呼吸道症状的病原体及病因**

①猪繁殖和呼吸道综合征、②霉形体、③猪链球菌病、④克雷伯氏杆菌病、⑤副猪嗜血杆菌病、⑥巴氏杆菌病、⑦缺铁性贫血。

**20. 表现猪蹄裂的病因**

①生物素缺乏、②饲喂生蛋白饲料、③地板粗糙、④硒中毒、⑤某些霉菌毒素所致。

**21. 引起猪的骨骼肌变性发白的病因**

①恶性口蹄疫：成年猪患恶性口蹄疫时，骨骼肌变性发白发黄，而口腔、蹄部变化不明显，幼龄猪患口蹄疫时主要表现心肌炎和胃肠炎。

②应激综合征：肌肉分生变性呈白色。

③猪缺硒：仔猪一般发生白肌病（主要是一个月以内的发生），二个月左右的发生肝坏死和桑葚心。

④猪的肌红蛋白尿：骨骼肌和心肌发生变性和肿胀。

**22. 表现有神经症状的猪病**

①猪传染性脑脊髓炎、②猪凝血性脑脊髓炎、③猪狂犬病、④猪伪狂犬病、⑤猪乙型脑炎、⑥猪脑心肌炎、⑦破伤风、⑧猪链球菌病、⑨猪李氏杆菌病、⑩猪水肿病、⑪猪维生素A缺乏、⑫仔猪低血糖、⑬某些中毒性疾病、⑭仔猪先天性震颤。

**23. 表现有呼吸道症状的猪病**

①猪流感、②猪繁殖和呼吸道综合征、③猪圆环病毒病、④猪伪狂犬病、⑤萎缩性鼻炎、⑥猪巴氏杆菌病、⑦猪传染性胸膜肺炎、⑧气喘病、⑨衣原体病、⑩克雷伯氏菌病、⑪猪弓形虫病、⑫肺丝虫病。

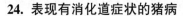

**24. 表现有消化道症状的猪病**

①猪大肠杆菌病、②猪沙门氏菌病、③猪痢疾、④弯曲杆菌性腹泻、⑤耶氏菌性结肠炎、⑥流行性腹泻、⑦猪传染性胃肠炎、⑧轮状病毒性腹泻、⑨猪—牛黏膜病、⑩小袋纤毛虫病、⑪仔猪杆虫病、⑫另外猪瘟、猪巴氏杆菌病、猪伪狂犬病、猪链球菌病、衣原体病、猪附红细胞体病、猪圆环病毒病等也兼有腹泻的症状。

**（十）兽药使用知识**

随着人们生活水平的日益提高，畜产品的质量越来越受到消费者的普遍关注，而直接为畜牧业发展起保障作用的兽药，逐渐成为保证畜产品质量安全的关键因素。

**1. 个体给药法**

（1）经口投药法。是将药液或药片直接灌（放）入口腔的给药方法。经口投药操作简便，剂量准确，但药物吸收较慢，受消化液的影响，生物利用度低，药效出现迟缓，且花费人工较多。

①口内灌药。给小猪灌药时，助手提起动物两耳（角）或前肢，术者用汤匙或不接针头的注射器，将药液灌入口腔内；给大猪灌药时，应确切保定，术者用棍棒撬开猪嘴，从口角将药液灌入口腔内。

灌药时应注意，不要操之过急，每次灌入的药液被吞咽后，接着再灌；如发生动物剧烈咳嗽，应立即停止灌药，令其头部低下，使药液咳出，以防误咽入肺。

②口内投放。给猪投服片剂、丸剂、胶囊时，保定动物，用器械打开口腔，将药片、药丸直接放在舌背部即可。对家禽口内投放片剂、丸剂、胶囊时，左手食指深入口腔，外拉舌体并与拇指配合，将舌固定在下颚，右手即将药剂投放到口内。

（2）胃管投药法。胃管投药需要准备专用的胃管，管径大小因动物选定。灌药时，用特制开口器，打开口腔，将胃管经开口器中央孔插入食管，直至胃内，胃管的游离端连接盛药漏斗，抬高，待药液流尽后，抽出胃管。家禽胃管投药时，可将连接注射器的胶管直接经口插入食道、嗉囊后，注入药液。

胃管投药的技术性较强，胃管插抵咽部时，应轻轻抽动，刺激动物吞咽，顺势推动胃管进入食管。胃管插入食管的判断方法是，胃管通过咽部进入食管时，感觉稍有阻力，动物较为安静，并可在左侧颈沟部触摸到有硬感的胃管。如果误插到气管，则动物不安，剧烈咳嗽，将胃管游离端置于水中，可随动物呼气，出现气泡。

（3）注射给药法。

①肌肉注射。对有刺激性或吸收缓慢的药剂，如水剂、乳剂、油剂等，以及大多数免疫接种时，都可采用肌肉注射。肌肉注射操作简便，剂量准确，药效发挥迅速、稳定。肌肉注射时，水溶液吸收最快，油剂或混悬剂吸收较慢。刺激性太强的药物不宜肌肉注射。肌肉注射的部位，在耳根后或臀部。进行肌肉注射时，应保定好动物，注射部位常规消毒。术者左手接触注射部位，右手持连接针头的注射器，呈垂直刺入。刺入深度以针头的2/3 为宜，紧接着将药液推入，注射完毕，局部消毒。

②皮下注射。刺激性小的注射液、疫（菌）苗、血清等，都可采取皮下注射。皮下注射时，药物吸收较慢，如药液量较多，可多点进行。皮下注射的部位，猪在耳根后或股内侧。进行皮下注射时，保定动物，局部常规消毒，左手提起皮肤形成皱褶，右手持连接针头的注射器，在皱褶基部刺入针头，推进药液，注射完毕，局部消毒，适当按摩，以利吸收。

③静脉注射。是将药液直接注入静脉的给药方法。静脉注射给药时，药物直接进入血液循环，奏效迅速，适用于危重病例急救、输液或某些刺激性强的药物。静脉注射的部位在耳静脉。操作时，保定动物，压迫血管，使静脉怒张，针头沿静脉与皮肤成

45°角，迅速刺入皮肤直至静脉血管内，待有回血，即可将药液注入。静脉注射的技术要求较高，注射部位及器具，必须严格消毒，注入药液前，必须将针管或输液管内的空气排净，药液温度要接近动物体温，注射速度不宜过快，并要密切注意病畜反应，如果出现异常，应立即停止注射或输液，进行必要的处理。

④腹腔注射。腹腔容积大，浆膜吸收能力强，当猪静脉输液困难时，可以采取腹腔注射输液。腹腔注射部位，在腹壁后下部。提起病猪后肢保定，使腹腔器官前移，局部常规消毒。注射时，左手拇指压在耻骨前 3~5cm 处，右手持连接针头的注射器，在腹中线旁2cm进针，注入药液，拔出针头后再次消毒。

⑤气管注射。治疗中、小动物气管或肺部疾病时，可采用气管注射。仰卧或侧卧（病侧向下）保定，前部略微抬高，气管部皮肤常规消毒。注射时，右手持连接针头的注射器，将针头在两气管轮之间刺入，缓缓推入药液，拔出针头后再次消毒。

（4）灌肠给药法。保定动物，将灌肠器胶管插入肛门内，使灌肠器或吊桶内的药液、温水或肥皂液输入直肠或结肠，用于治疗便秘，或在进行直肠检查前用以清除粪便。

（5）局部涂擦法。将松节油、碘酊、樟脑酊、四三一搽剂等药物，直接涂擦在未破损的皮肤上，以发挥局部消炎、镇痛、消肿作用。

## 2. 群体给药法

（1）混水给药。是将药物溶于水中，让猪自由饮用。进行混水给药时，首先要了解药物在水中的溶解度。易溶于水的药物，能够迅速达到规定的浓度；难溶于水的药物，若经加温、搅拌、加溶剂后，如能达到规定的浓度，也可混水给药。当前，多采用经厂家加工的可溶性粉剂。其次，要注意混水给药的浓度。浓度适宜，既可保证疗效，又能避免中毒。混水浓度可按百分比或毫克/千克计算。

（2）混料给药。将药物均匀地混入饲料，供猪自由采食，适用于长期投药。混料给药时，药物与饲料必须混合均匀，通常变异系数（$CV$）不得大于5%。常用递加稀释法，先将药物加入少量饲料中，混匀，再与10倍量饲料混合，以此类推，直至与全部饲料混匀。还要掌握混料与混水浓度的区别，一般药物混料浓度为混水浓度的2倍；有些药物的混水浓度较高，如泰乐菌素的混水给药浓度为每千克体重500～800mg，混料浓度仅每千克饲料20～50mg。此外，还应注意药物与饲料添加剂的相容性与相互关系。

# 模块四 肉牛养殖与疫病防治技术

## 一、肉牛养殖技术

### （一）肉牛的品种

在肉牛生产中，目前国内的肉牛主要是国外优良肉牛品种与我国本地黄牛杂交生产的杂交改良牛和我国几个地方良种黄牛品种（图4-1）。这些牛通过科学饲养，特别是后期集中3~5个月催肥，使其具有了良好的肉用性能，18~27月龄体重450kg以上，经济效益非常显著。

国外比较优秀的专用肉牛品种主要有：安格斯、夏洛来、利木赞、西门塔尔和皮埃蒙特等，其主要优点在于出生重比较大，生长发育快，成熟早，出栏早，产肉量大。而国内也有很多优秀的黄牛品种：延边黄牛、鲁西黄牛、秦川牛、南阳牛、晋南牛等，以上五个黄牛品种并称我国五大良种黄牛，它们的特点是耐粗饲，适应性强，抗病力强，胴体质量较好并具有稳定的遗传性等。

### （二）肉牛的饲料

肉牛常用的饲料种类有：精饲料、粗饲料、青绿饲料、多汁饲料、加工副产品饲料、矿物质饲料和非蛋白氮饲料。

#### 1. 精饲料

主要有两大类，即禾本科籽实和豆科籽实。共同特点是：可消化营养物质含量高，体积小，粗纤维含量少，是饲喂牛羊的主要能量和蛋白质饲料。

安格斯牛　　　　　　利木赞牛

皮埃蒙特牛　　　　　西门塔尔牛

夏洛莱牛　　　　　　晋南牛

鲁西黄牛　　　　　　南阳黄牛

秦川牛　　　　　　　延边黄牛

图 4-1　牛的品种

常用饲料有：玉米、大麦、高粱、大豆。

**2. 粗饲料**

粗饲料是指体积大，难消化，可利用养分少，干物质中粗纤维含量在18%以上的一类饲料，主要包括干草类、农副产品类、树叶类、糟渣类等。

**3. 青绿饲料**

青绿饲料是指天然水分含量60%以上的植物性饲料，以其富含叶绿素而得名，包括天然草地牧草、栽培牧草、田间杂草、幼枝嫩叶、水生植物及菜叶瓜藤类饲料等。粗蛋白质含量丰富，消化率高，品质优良，生物学价值高，对牛羊生长、生殖和泌乳都有良好的作用。维生素含量丰富。各种青绿饲料的钙、磷含量差异较大。豆科植物的钙含量特别高，青饲料中钙磷多集中在叶片内，它们占干物质的百分比随着植物的成熟程度而下降。青饲料能较好地被家畜利用，且品种齐全，具有来源广、成本低、采集方便、加工简单、营养全面等优点。

**4. 多汁饲料**

多汁饲料水分含量高，在自然状态下一般含量为75% ~ 95%，故称为多汁饲料，具有轻泻与调养的作用，对泌乳母牛、母羊还起催乳作用。维生素含量因种类不同而差异很大。适口性好，能刺激牛羊食欲，有机物质消化率高。产量高，生长期短，生产成本低，易组织轮作，但因含水量高，运输较困难，不易保存。常用的有：甜菜、胡萝卜、甘薯。

**5. 加工副产品饲料**

这类饲料主要是一些农产品加工生产后产生的副产品，它主要包括：

（1）糠、麸类饲料。它们是磨粉业副产品，包括米糠、麸皮、玉米皮等。

（2）油饼类饲料。它是榨油业的副产品。此类饲料常专作蛋白质补充饲料，是牛生产中重要的蛋白质饲料来源。

油饼类饲料的营养价值很高，油饼类饲料中粗蛋白质的消化率、利用率均较高。

①大豆饼。是饼类饲料中数量最多的一种，有黄豆饼、黑豆饼两种，一般粗蛋白质含量在40%以上，其中，必需氨基酸的含量比其他植物性的饲料都高，它是植物性饲料中生物学价值最高的一种。豆饼的适口性好，营养成分较全面。

②棉籽饼。粗蛋白质含量仅次于豆饼，但赖氨酸缺乏，蛋氨酸、色氨酸都高于豆饼；含钙少，缺乏维生素 A、维生素 D。因此，棉籽饼的营养价值低于豆饼，但高于禾本科谷类饲料。棉籽饼中含有棉酚毒，这是一种危害血管细胞和神经的毒素，因此，用它要先去毒，并且要饲喂得法和控制喂量。棉籽饼去毒的方法很多，例如用清水泡、碱水泡（1% ~ 2%）或者煮沸等，其中以煮沸去毒的效果最好。用去毒的棉籽饼喂牛，一般由少到多，逐步达到规定量。其喂量，成年牛每天喂 2 ~ 3kg，育成牛 1 ~ 1.5kg。切忌饲喂受潮发霉的棉籽饼。

③花生饼。有带壳的和脱壳的两种。脱壳花生饼粗蛋白质含量高，营养价值与豆饼相似，但因含有抑制胰蛋白酶因素，加温后易被破坏，且含赖氨酸和蛋氨酸略少，磷的含量比豆饼少；喂花生饼时，最好添加动物性饲料，以弥补上述缺点。花生饼中缺乏维生素和胡萝卜素，但尼克酸特别丰富。花生饼略有甜味，适口性好，在饼类饲料中质量较好。

④菜籽饼。菜籽饼的营养价值不如大豆饼，含粗蛋白质34% ~ 38%，可消化蛋白质为27.8%。因为菜籽饼含有配糖体——芥籽素等，如用温水浸泡，由于酶的作用生成芥籽油等毒素，味苦而辣，不仅口味不良，对牛的消化器官有刺激作用，能使肠道和肾脏发生炎症。所以初喂时可与适口性好的饲料混合饲喂，而且喂量不宜多，每头牛每日喂 1kg 左右，犊牛和孕牛不宜喂给。喂用前，可采用坑埋法脱去菜籽饼中的毒素。

油饼类饲料中还有糠饼、芝麻饼、葵花籽饼、椰籽饼等，营养价值均较高，适口性好，是饲喂牛的良好蛋白质补充饲料。

（3）糟渣类饲料。

①豆腐渣。新鲜豆腐渣含水分80%以上，含粗蛋白质3.4%左右，是喂牛的好饲料。由于豆腐渣含水分多，容易酸败，饲喂过量易使牛拉稀，而且维生素也较缺乏。因此，最好煮熟再喂牛，并搭配其他饲料，以提高其生物学价值。

②甜菜渣。它是制糖业的副产品。新鲜甜菜渣含水分多，营养价值低，但适口性好，是牛的调剂性好饲料。甜菜渣含有大量游离的有机酸，饲喂过量易使牛拉稀。喂量可根据牛的粪便变化情况灵活掌握。

③酒糟、醋糟、酱油糟。这类饲料粗蛋白质含量相当丰富。粗纤维含量高，体积大。酒糟是育肥牛的好饲料，但喂量不宜大，因酒糟含有一些残留酒精，饲喂过量会引起牛流产或产死胎、弱胎。酱油糟的营养价值较高，但含盐分过多，也不宜多喂。

### 6. 矿物质饲料

矿物质是牛体生长、发育、繁殖和生产不可缺少的物质。在天然饲料中都含有矿物质，它们对整个日粮的消化利用，能起到一定的促进作用。一般情况下，牛若能采食多种饲料，基本上可以满足机体健康和正常生长对其的需要。

牛的日常生产中常用的矿物质饲料有：

①食盐。大多数以植物性饲料为主的家畜，摄入的钠和氯远远不能满足需要，需补充食盐，相反，摄入的钾相当多。补充食盐，既可以满足钠和氯的需要，又可满足机体对矿物质平衡的要求。在缺碘地区，以碘盐补给。

②含钙、磷的矿物质。钙和磷是一对相辅相成的矿物质元素，缺少其中任何一个，对机体健康都不利，比例不适，也会影响机体健康。所以常将钙和磷放在一起来叙述。钙、磷矿物质饲

料，从其提供钙、磷的方式来看，可分为以下3类。

含钙的矿物质饲料：石粉、贝壳粉、蛋壳等。它们的主要成分是碳酸钙。这类饲料来源广、价格廉，但利用率不高。

含磷的矿物质饲料：磷酸二氢钠、磷酸氢二钠、磷酸等。单纯含磷的矿物质饲料不多，其价格昂贵，不单独补给，只有在个别情况下才使用。

含钙、磷的矿物质：骨粉、磷酸钙、磷酸氢钙等，它们既含钙，又含磷，消化利用要比单纯含钙矿物质好，价格又比含磷矿物质低，故生产中应用较多。

③混合矿物质饲料。这类饲料是人们根据家畜不同生理状态对各种矿物质元素的需要，按一定比例配制而成的。目前，这类饲料名目繁多，多以添加剂形式供给。

**7. 非蛋白氮饲料（NPN）**

从牛的消化特性可知，瘤胃微生物可利用非蛋白氮—氨作为氮源，合成菌体蛋白，所以可用非蛋白质含氮物代替部分蛋白质饲料喂牛，以节省饲料，降低养殖成本。1kg尿素相当于 $5\sim8$ kg油饼类饲料。因此，在反刍家畜饲养中应用尿素就可节约大量蛋白质饲料。尿素虽然是一种很好的蛋白质补充饲料，可以为牛提供氮素，但却不能提供其他营养。因此，利用尿素补充蛋白质时，必须同时补充能量、矿物质和维生素，才能收到应有的效果。

据研究报道，当日粮中粗蛋白质含量（以干物质为基础计算）增加至13%以上时，瘤胃中氨量将迅速增加，100ml胃液中的氨量超过5mg，就超过微生物的利用能力而浪费了。所以，当日粮中蛋白质含量较高时，只需补充很少量的非蛋白质含氮物，甚至可以不补充。而当日粮中蛋白质含量较低时，补充适量的非蛋白质含氮物（如尿素等），就能发挥更好的经济效益。

（1）尿素的用量与用法。

1）用量。①替代日粮蛋白质量的35%；②占精料的3%；

③占日粮干物质总量的1%；④每日每头限喂150~220g。

2）使用方法。①尿素青贮：按青料重量的0.5%~0.6%将尿素配成33%的溶液，均匀喷在青料上装填。②做成舔砖：由尿素、糖蜜、石灰、黄泥、短稻秆、盐等搅拌晾干而成。③拌入精料中喂。④拌入粗料中喂。

（2）防止尿素中毒。由于牛瘤胃内的微生物分泌一种活性很强的脲酶，当尿素的喂量过大时，分解为氨的速度过快，在不到2h时间里可完全水解生成氨，微生物来不及利用，产生的氨就吸收进血液，导致血氨升高发生中毒。会使牛出现不安，精神紧张，唾液多，肌肉震颤。供给失调，呼吸困难，频频排尿，前肢僵硬，挣扎叫喊。体温下降。阵发性强直性痉挛，抽搐，颈静脉明显跳动。瘤胃常有膨胀。常在30min至2.5h死亡。此时可在痉挛前灌服2%醋酸溶液2~3L，使瘤胃pH值下降，与氨合成不易溶解的醋酸铵；或者灌服20~30L的冷水；对于重症病牛，可用硫代硫酸钠50~100g，静脉缓慢注射。

（3）正确使用尿素类饲料。

①尿素用量一般不应超过总氮需要量的1/3；②高产牛如日粮蛋白质已足够，就不要再加喂尿素；③尿素安全用量不要超过日粮干物质的1%，500kg左右的成年牛的喂量，每天150g左右（100kg体重20~30g），50kg的成年羊每天10~15g；④因尿素吸湿性强，易分解为氨，因此，不能单喂或溶于水中喂；喂后2h不能饮水，以免尿素直接流入皱胃，引起中毒；⑤尿素适口性差，最好加在混合精料内饲喂或同淀粉类饲料、食盐等矿物质饲料制成尿素矿物质饲料砖，供牛羊舔食，或制成含尿素0.5%左右的青贮玉米料饲喂；⑥精料中添加尿素饲喂时，不能同时喂生豆饼，因豆饼中含有脲酶，在有水的情况下使尿素分解，造成损失；⑦每天饲用的尿素总量分多次饲喂，有利于稳定瘤胃中氨的浓度，避免浪费或中毒。

### （三）牛的繁殖技术

**1. 母牛发情**

母牛发情是指母牛卵巢上出现卵泡的发育，能够排出正常的成熟卵子，同时在母牛外生殖器官和行为特征上呈现一系列变化的生理和行为学过程。

母牛出现第一次发情的现象叫初情期。母犊牛一般 6 月龄时开始有性表现，以后生殖器官的生长速度明显加快，8～14 月龄时性成熟，此时，各生殖器官的结构与功能日趋完善，性腺能分泌生殖激素，卵巢基本上发育完全，开始产生具有受精能力的卵子，并出现发情征状，但一般不配种，需要等到 18～24 月龄体成熟了才开始配种。

牛的发情持续期指从发情征状出现，到征状的消失所持续的时间，家牛只有 15～18h，所以，一定要看准时机适时配种。牛种及品种、年龄、营养状况、环境温度的变化等都可以影响牛的发情持续时间长短。一般初情期的牛和老年牛的发情持续期也较壮年牛为短。

正常成年母牛在其繁殖年龄阶段，如果没有怀孕，即会出现周期性的发情表现和发情特征，这种周期性的性活动叫发情周期。母牛的发情周期因牛种而异，平均 21 天，青年母牛为 20 天（18～24 天）。

母牛产犊后，经过一定的生理恢复期，又会出现发情。产后生理的恢复包括卵巢功能、子宫形态和功能以及内分泌功能的恢复等过程。产后的一段时间，由于促性腺激素分泌减少，卵泡发育受到抑制而没有大的卵泡，子宫的大小、位置和功能也没有恢复，一般需 12～56 天。

发情的表现：

（1）爬跨现象。发情母牛在运动场或放牧时爬跨其他母牛或被其他牛爬跨，特别是在发情旺盛期的母牛，当其他牛爬跨时，

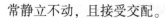

常静立不动，且接受交配。

（2）行为变化。在发情初期，母牛眼睛充血，眼睛有神，常表现出兴奋、不安，有时哞叫，此过程随着发情的进展而更明显。到发情后期，母牛又从性兴奋转变为安静状态。发情盛期，牛的食欲减退，甚至出现拒食。排粪排尿次数增多，乳牛泌乳量下降。

（3）生殖道的变化。发情母牛外阴充血、肿胀，子宫颈松弛、充血，颈口开放，腺体分泌增多，产生黏液并从外阴部流出体外。阴道流出黏液的量与黏稠度往往是判断发情阶段的依据。

（4）卵巢和内分泌水平的变化。在发情前 2 ~ 3 天卵巢内卵泡发育很快，卵泡液不断增多，卵泡体积逐渐增大，卵巢壁变薄，突出于卵巢的表面，最后成熟排卵，排卵后形成黄体。

在生产中，可以进行外部观察法、阴道检查法、直肠检查法等来进行发情的鉴定。

**2. 牛的配种与人工授精**

（1）母牛的初配年龄。母牛的初配年龄是指母牛第一次配种的年龄。决定母牛初配的年龄，主要根据牛的生长发育速度、饲养管理水平、气候和营养等因素综合考虑，但更重要的是根据牛的体重确定。一般情况下，青年母牛的体重要达到成年母牛体重的 70% 左右，才可以进行第一次配种。这在大型奶牛约为 350 ~ 420kg，我国黄牛约为 150 ~ 250kg。达到这样体重的年龄，在饲养条件好的早熟品种约为 14 ~ 16 月龄；饲养差的晚熟品种约为 18 ~ 24 月龄。

（2）无论肉用牛、乳用牛，产犊成绩往往与其生产性能的发挥有着密切的联系，因此母牛产犊后应尽可能提早配种。当然母牛产后配种过早也是不适宜的，应有 40 ~ 60 天的休情期，并在此后 1 ~ 3 个情期内配种受孕。

（3）适时输精。母牛排卵多在发情结束后 10 ~ 20h，距发情开始约 30h。根据这一情况，适当安排输精时间非常重要。一般认为母牛发情盛期稍后到发情末期或拒绝爬跨再过 6 ~ 8h 是输精的适宜时间。在生产中如发现母牛早晨接受爬跨则上午输精一次，傍晚再输精一次；中午或午前发现爬跨则当晚输精一次，次晨再配一次；下午接受爬跨，次日早晨第一次输精，隔 8h 再配一次。

（4）配种方式。母牛的配种方式有两种：一种是自然交配，指发情母牛直接与公牛交配，可以人工辅助交配。另一种是人工授精。目前，随着黄牛改良工作的普及，多数地区采取人工授精配种，是一项最易推广应用的繁殖技术。其过程主要包含有：①采精前所有器材和设备的准备；②采精前公牛的准备；③进行采精；④精液检查；⑤精液稀释；⑥输精。

**3. 母牛的妊娠**

无论是自然交配还是人工授精，一旦精卵结合授精，即意味着妊娠的开始。

母牛配种后，尽早进行妊娠诊断，可以防止母牛空怀，提高繁殖率。经过妊娠检查，对没有受胎的母牛，应及时进行配种；对已受胎的母牛，须加强饲养管理，做好保胎工作。母牛的妊娠诊断主要是根据妊娠期间的体内外变化及行为的改变而进行的。常用的有以下集中方法。

（1）外部观察法。母牛怀孕后，不再出现发情，随着妊娠期的进展，食欲和饮水量增加，故牛的营养状况改善；行为上发生明显的改变，如性情变得温顺、行动迟缓，常躲避角斗或追逐，放牧或驱赶运动时，常落在牛群之后。怀孕中后期腹围增大，右侧腹壁突出，可触到或看到胎动。头胎牛乳房发育加快，妊娠 4 ~ 5 个月后乳房体积明显地增大，而经产能通常在分娩前 1 个月左右，才有显著的乳房增大或水肿。

（2）直肠检查法。早期的直肠检查，主要根据子宫角和卵巢黄体的变化进行判断。有孕体的一侧子宫角一般较另一侧略大，且柔软；同侧卵巢也较他侧为大，且卵巢上的黄体质软而突出于卵巢表面。后期的直肠妊娠检查主要是根据子宫中动脉特异脉搏等的变化和胎儿的存在进行判断。

（3）阴道检查法。该法是根据阴道黏膜色泽、黏液分泌及子宫颈状态等确定母牛是否妊娠。正常情况下，母牛怀孕3周后，阴道黏膜由未孕时的淡粉红色变为苍白色，没有光泽，表面干燥，同时阴道收缩变紧。阴道黏液的变化较为明显：怀孕 1.5 ~ 2 个月，子宫颈口附近有黏稠黏液，量很少，3 ~ 4 个月后量增多变为浓稠、灰白或灰黄，形如浆糊。妊娠母牛的子宫颈紧缩关闭，有浆糊状的黏液块堵塞于子宫颈口称为子宫颈塞（栓），可以保护胎儿免遭外界病菌的侵入。子宫栓在分娩或流产前溶解，并呈线状流出体外。

（4）妊娠期。母牛的妊娠期一般是 270 ~ 285 天，平均 280 天。为了饲养管理好不同妊娠阶段的母牛，编制产犊计划，合理安排生产，做好分娩前的各项准备工作，必须推算出母牛的预产期。

母牛预产期的推算方法可采用配种月份减 3、配种日期加 7 的方法，如若配种月份在一二月份时，可加上 12 个月后再减去 3。举例如下：某头母牛最后一次配种日期为 2011 年 4 月 22 日，预产期为：

4 - 3 = 1（即为 2012 年 1 月）

22 + 7 = 29（即为 1 月 29 日）

因此，该头牛的预产日期为 2012 年 1 月 29 日。

**4. 分娩**

经过一定时间的妊娠后，胎儿发育成熟，母体和胎儿之间的关系，由于各种因素的作用而失去平衡，导致母牛将胎儿及附属膜排出体外，这一生理过程称为分娩。

（1）分娩预兆。妊娠后期，母牛的乳房发育加快，特别在初产母牛更为明显。到分娩前约半个月，乳房迅速发育膨大，腺体充实，乳头膨胀，临产前一周有迟乳滴出。临产前，阴唇逐渐松弛变软、水肿，皮肤上的皱褶展平，阴道黏膜潮红，子宫颈肿胀、松软，子宫颈栓溶化变成半透明状黏液排出阴门。骨盆韧带柔软、松弛，耻骨缝际扩大，尾根两侧凹陷，以适于胎儿通过。在行动上母牛表现为活动困难，起立不安，尾高举，回顾腹部，常作排粪尿状，食欲减少或停止。所有这些征状，说明母牛已近临产。此时应有专人看护，做好接产和助产的准备。一般情况下，在预产期前 1~2 周，就应将母牛移入产房，以对其进行特别的看护及照料，以保证母牛的顺利分娩。

（2）分娩过程。正常的分娩一般可以分为开口期、胎儿产出期和胎衣排出期。

①开口期。从子宫颈开始阵缩到子宫颈完全扩张称开口期。平均为 6h（1~12h），经产母牛较快，初产牛较慢。

②胎儿产出期。从子宫颈完全开张到胎儿排出母体外称为胎儿产出期。产出期一般 1~4h，初产母牛较经产牛慢，产双胎时两胎相隔 1~2h。

③胎衣排出期。胎儿产出到胎衣排出称胎衣排出期。牛的胎衣正常排出期为 4~6h，最多不超过 12h。超过这一时间可视为胎衣不下。

（3）助产及助产原则。分娩是母牛正常的生理过程，一般情况下，不需要助产而任其自然产出。但在胎位不正、胎儿过大、母牛分娩无力等情况下，必须进行必要的助产。

助产者要穿工作服、剪指甲、准备好酒精、碘酒、剪刀、镊子、药棉以及助产绳等。助产人员的手、工具和产科器械都要严密消毒，以防病菌带入子宫内，造成生殖系统的疾病。

当发现母牛有分娩征状，助产者先用 0.1%~0.2% 的高锰酸钾温水或 1%~2% 煤酚皂溶液，洗涤外阴部或臀部附近，并用毛巾擦干。

观察到胎膜已经露出体外时，不应急于将胎儿拉出，应将手臂消毒后伸入产道，检查胎儿的方向、位置和姿势，如胎位正常，可让其自然分娩。如是倒生，后肢露出后，则应及时拉出胎儿，以免造成胎儿窒息死亡。

如果当胎儿前肢和头部露出阴门，但羊膜仍未破裂，可将羊膜扯破，并擦净胎儿口腔、鼻周围的黏液，以便胎儿呼吸。当破水过早，产道干燥或狭窄而胎儿过大时，可向阴道内灌入肥皂水或植物油润滑产道，以便拉出胎儿。

犊牛产出后，应先将其鼻、口腔中的黏液除去，用干草将身上的黏液擦净，也可以让母牛自己舔干。同时将蹄端的软蹄除去，称其出生重。然后，助产人员用 5% 碘消毒自行断裂的脐带。

犊牛产出后，还要注意母牛的胎衣的排出。一般应在胎儿排出后 2 ~ 8h 排出胎衣，超过时间时（一般为 12h，夏季则不宜超过 4 ~ 6h，以防胎衣腐败导致的牛子宫感染），就应及时采取胎衣剥离措施或其他处理方法。

### （四）犊牛的饲养管理

犊牛，系指初生至断乳前这段时期的小牛。肉用牛的哺乳期通常为 6 个月。犊牛的饲养管理应注意下面几个环节。

### 1. 饲养

（1）早喂初乳。初乳是母牛产犊后 5 ~ 7 天内所分泌的乳。初乳色深黄而黏稠，干物质总量较常乳高 1 倍，在总干物质中除乳糖较少外，其他含量都较常乳多，尤其是蛋白质、灰分和维生素 A 的含量。初乳对犊牛的健康与发育有着重要作用，表现在：①初生犊牛胃肠壁黏膜不发达，吃初乳后乳覆在胃肠壁上，可阻止细菌侵入。②初生的犊牛没有免疫力，初乳中的免疫球蛋白，使犊牛获得被动免疫；含有的溶菌酶，能杀灭病原菌。③初乳的酸度高（45 ~ 50℉），使胃液变酸，可抑制有害菌。④可促进皱胃分泌消化酶。⑤初乳中较多的镁盐，促进胎粪排出。⑥初乳中丰富的养分使犊牛获得充足的营养。

犊牛出生后应尽快让其吃到初乳。一般犊牛生后 0.5 ~ 1h 便能自行站立，此时要引导犊牛接近母牛乳房寻食母乳，若有困难，则需人工辅助哺乳。若母牛健康，乳房无病，农家养牛可令犊牛直接吮吸母乳，随母自然哺乳。

若母牛产后生病死亡，可由同期分娩的其他健康母牛代哺初乳。在没有同期分娩母牛初乳的情况下，也可喂给牛群中的常乳，但每天需补饲 20ml 的鱼肝油，另给 50ml 的植物油以代替初乳的轻泻作用。

（2）饲喂常乳。可以采用随母哺乳、保姆牛法和人工哺乳法给哺乳犊牛饲喂常乳。

①随母哺乳法。让犊牛和其生母在一起，从哺喂初乳至断奶一直自然哺乳。为了给犊牛早期补饲，促进犊牛发育和诱发母牛发情，可在母牛栏的旁边设一犊牛补饲间，短期使大母牛与犊牛隔开。

②保姆牛法。选择健康无病、气质安静、乳及乳头健康、产奶量中下等的奶牛（若代哺犊牛仅一头，选同期分娩的母牛即可，不必非用奶牛）做保姆牛，再按每头犊牛日食 4 ~ 4.5kg 乳量的标准选择数头年龄和气味相近的犊牛固定哺乳，将犊牛和保姆牛管理在隔有犊牛栏的同一牛舍内，每日定时哺乳 3 次。犊牛栏内要设置饲槽及饮水器，以利于补饲。

③人工哺乳法。对找不到合适的保姆牛或奶牛场淘汰犊牛的哺乳多用此法。新生犊牛结束 5 ~ 7 天的初乳期以后，可人工哺喂常乳。犊牛的哺乳量可参考表 4 - 1。哺乳时，可先将装有牛乳的奶壶放在热水中进行加热消毒（不能直接放在锅内煮沸，以防过热后影响蛋白的凝固和酶的活性），待冷却至 38 ~ 40℃时哺喂，5 周龄内日喂 3 次；6 周龄以后日喂 2 次。喂后立即用消毒的毛巾擦嘴，缺少奶壶时，也可用小奶桶哺喂。

表4-1 不同周龄犊牛的哺乳量 （单位：kg）

| 日喂量 周龄 类别 | 1~2 | 3~4 | 5~6 | 7~9 | 10~13 | 14以后 | 全期用奶 |
|---|---|---|---|---|---|---|---|
| 小型牛 | 4.5~6.5 | 5.7~8.1 | 6.0 | 4.8 | 3.5 | 2.1 | 540 |
| 大型牛 | 3.7~5.1 | 4.2~6.0 | 4.4 | 3.6 | 2.6 | 1.5 | 400 |

（3）早期补饲植物性饲料。采用随母哺乳时，应根据草场质量对犊牛进行适当的补饲，既有利于满足犊牛的营养需要，又利于犊牛的早期断奶。

人工哺乳时，要根据饲养标准配合日粮，早期让犊牛采食以下植物性饲料。

干草：犊牛从7~10日龄开始，训练其采食干草。在犊牛栏的草架上放置优质干草，供其采食咀嚼，可防止其舔食异物，促进犊牛发育。

精饲料：犊牛生后15~20天，开始训练其采食精饲料。其精饲料配方可参考表4-2。初喂精饲料时，可在犊牛喂完奶后，将犊牛料涂在犊牛嘴唇上诱其舔食，经2~3日后，可在犊牛栏内放置饲料盘，放置犊牛料任其自由舔食。因初期采食量较少，料不应放多，每天必须更换，以保持饲料及料盘的新鲜和清洁。最初每头日喂干粉料10~20g，数日后可增至80~100g，等适应一段时间后再喂以混合湿料，即将干粉料用温水拌湿，经糖化后给予。湿料给量可随日龄的增加而逐渐加大。

表4-2 犊牛的精料配方

| 饲料名称 | 配方1 | 配方2 | 配方3 | 配方4 |
|---|---|---|---|---|
| 干草粉颗粒 | 20 | 20 | 20 | 20 |
| 玉米粗粉 | 37 | 22 | 55 | 52 |
| 糠粉 | 20 | 40 | —— | —— |
| 糖蜜 | 10 | 10 | 10 | 10 |

| 饲料名称 | 配方 1 | 配方 2 | 配方 3 | 配方 4 |
|---|---|---|---|---|
| 饼粕类 | 10 | 5 | 12 | 15 |
| 磷酸二氢钙 | 2 | 2 | 2 | 2 |
| 其他微量盐类 | 1 | 1 | 1 | 1 |
| 合计 | 100 | 100 | 100 | 100 |

多汁饲料：从生后 20 天开始，在混合精料中加入 20～25g 切碎的胡萝卜，以后逐渐增加。无胡萝卜，也可饲喂甜菜和南瓜等，但喂量应适当减少。

青贮饲料：从 2 月龄开始喂给。最初每天 100～150g；3 月龄可喂到 1.5～2.0kg；4～6 月龄增至 4～5kg。

（4）饮水。牛奶中的含水量不能满足犊牛正常代谢的需要，必须训练犊牛尽早饮水。最初需饮 36～37℃的温开水；10～15 日龄后可改饮常温水；一月龄后可在运动场内备足清水，任其自由饮用。

（5）补饲抗生素。为预防犊牛拉稀，可补饲抗生素饲料。每头补饲 1 万国际单位的金霉素，30 日龄以后停喂。

**2. 犊牛的管理**

（1）注意保温、防寒。特别在我国北方，冬季天气严寒风大，要注意犊牛舍的保暖，防止贼风侵入。在犊牛栏内要铺柔软、干净的垫草，保持舍温在 0℃以上。

（2）去角。对于将来做肥育的犊牛和群饲的牛去角更有利于管理。去角的适宜时间多在生后 7～10 天，常用的去角方法有电烙法和固体苛性钠法两种。电烙法是将电烙器加热到一定温度后，牢牢地压在角基部直到其下部组织烧灼成白色为止（不宜太久太深，以防烧伤下层组织），再涂以青霉素软膏或硼酸粉。后一种方法应在晴天且哺乳后进行，先剪去角基部的毛，再用凡士林涂一圈，以防以后药液流出，伤及头部或眼部，然后用棒状苛性钠稍湿水涂擦角基部，至表皮有微量血渗出为止。在伤口未变干前不宜让犊牛吃奶，以免腐蚀母牛乳房的皮肤。

（3）母仔分栏。在小规模系养式的母牛舍内，一般都设有产房及犊牛栏，但不设犊牛舍。在规模大的牛场或散放式牛舍，才另设犊牛舍及犊牛栏。犊牛栏分单栏和群栏两类，犊牛出生后即在靠近产房的单栏中饲养，每犊一栏，隔离管理，一般 1 月龄后才过渡到群栏。同一群栏犊牛的月龄应一致或相近，因不同月龄的犊牛除在饲料条件的要求上不同以外，对于环境温度的要求也不相同，若混养在一起，对饲养管理和健康都不利。

（4）刷拭。在犊牛期，由于基本上采用舍饲方式，因此皮肤易被粪及尘土所黏附而形成皮垢，这样不仅降低皮毛的保温与散热力，使皮肤血液循环恶化，而且也易患病，为此，对犊牛每日必须刷拭一次。

（5）运动与放牧。犊牛从出生后 8～10 日龄起，即可开始在犊牛舍外的运动场做短时间的运动，以后可逐渐延长运动时间。如果犊牛出生在温暖的季节，开始运动的日龄还可适当提前，但需根据气温的变化，掌握每日运动时间。

在有条件的地方，可以从生后第二个月开始放牧，但在 40 日龄以前，犊牛对青草的采食量极少，在此时期与其说放牧不如说是运动。运动对促进犊牛的采食量和健康发育都很重要。在管理上应安排适当的运动场或放牧场，场内要常备清洁的饮水，在夏季必须有遮阴条件。

### （五）育成牛的饲养管理

犊牛断奶至第一次配种的母牛，或做种用之前的公牛，统称为育成牛。此期间是生长发育最迅速的阶段，精心的饲养管理，不仅可以获得较快的增重速度，而且可使幼牛得到良好的发育。

### 1. 育成母牛的饲养管理

6～12 月龄。为母牛性成熟期。在此时期，母牛的性器官和第二性征发育很快，体躯向高度和长度两个方向急剧生长，同时，其前胃已相当发达，容积扩大1倍左右。因此，在饲养上要求既要能提供足够的营养，又必须具有一定的容积，以刺激前胃的生长。所以对这一时期的育成牛，除给予优质的干草和青饲料外，还必须补充一些混合精料，精料比例占饲料干物质总量的30%~40%。

12~18月龄。育成牛的消化器官更加扩大，为进一步促进其消化器官的生长，其日粮应以青、粗饲料为主，其比例约占日粮干物质总量的75%，其余25%为混合精料，以补充能量和蛋白质的不足。

18~24月龄。这时母牛已配种受胎，生长强度逐渐减缓，体躯显著向宽深方向发展。若饲养过丰，在体内容易蓄积过多脂肪，导致牛体过肥，造成不孕；但若饲养过于贫乏，又会导致牛体生长发育受阻，成为体躯狭浅、四肢细高、产奶量不高的母牛。因此，在此期间应以优质干草、青草或青贮饲料为基本饲料，精料可少喂甚至不喂。但到妊娠后期，由于体内胎儿生长迅速，则须补充混合精料，日定额为2~3kg。

如有放牧条件，育成牛应以放牧为主。在优良的草地上放牧，精料可减少30%~50%；放牧回舍，若未吃饱，则应补喂一些干草和适量精料。

育成牛在管理上首先应与大母牛分开饲养，可以系留饲养，也可围栏圈养。每天刷拭1~2次，每次5min。同时要加强运动，促进肌肉组织和内脏器官，尤其是心、肺等呼吸和循环系统的发育，使其具备高产母牛的特征。配种受胎5~6个月后，母牛乳房组织处于高度发育阶段，为促进其乳房的发育，除给予良好的全价饲料外，还要采取按摩乳房的方法，以利于乳腺组织的发育，且能养成母牛温顺的性格。一般早晚各按摩一次，产前1~2个月停止按摩。

**2. 育成公牛的饲养管理**

公、母犊牛在饲养管理上几乎相同，但进入育成期后，二者在饲养管理上则有所不同，必须按不同年龄和发育特点予以区别对待。

育成公牛的生长比育成母牛快，因而需要的营养物质较多，特别需要以补饲精料的形式提供营养，以促进其生长发育和性欲的发展。对育成公牛的饲养，应在满足一定量精料供应的基础上，令其自由采食优质的精、粗饲料。6～12月龄，粗饲料以青草为主时，精、粗饲料占饲料干物质的比例为55∶45；以干草为主时，其比例为60∶40。在饲喂豆科或禾本科优质牧草的情况下，对于周岁以上育成公牛，混合精料中粗蛋白质的含量以12%左右为宜。

在管理上，育成公牛应与大母牛隔离，且与育成母牛分群饲养。留种公牛6月龄始带笼头，拴系饲养。为便于管理，达8～10月龄时就应进行穿鼻带环，用皮带拴系好，沿公牛额部固定在角基部，鼻环以不锈钢的为最好。牵引时，应坚持左右侧双绳牵导。对烈性公牛，需用勾棒牵引，由一个人牵住缰绳的同时，另一人两手握住勾棒，勾搭在鼻环上以控制其行动。肉用商品公牛运动量不易过大。以免因体力消耗太大影响育肥效果。对种用公牛的管理，必须坚持运动，上、下午各进行一次，每次1.5～2.0h，行走距离4km，运动方式有旋转架、套爬犁或拉车等。实践证明，运动不足或长期拴系，会使公牛性情变坏，精液质量下降，易患肢蹄病和消化道疾病等。但运动过度或使役过劳，对牛的健康和精液质量同样有不良影响。每天刷拭两次，每次刷拭10min，经常刷拭不单有利于牛体卫生，还有利于人牛亲和，且能达到调教驯服的目的。此外，洗浴和修蹄也是管理育成公牛的重要操作项目。

### （六）母牛的饲养管理

人们饲养肉用种母牛，期望母牛的受胎率高，泌乳性能高，哺育犊牛的能力强，产犊后返情早：期望产生的犊牛质量好，初生重、断奶重大，断奶成活率高。

#### 1. 妊娠母牛的饲养管理

母牛妊娠后，不仅本身生长发育需要营养，而且还要满足胎儿生长发育的营养需要和为产后泌乳进行营养蓄积。因此，要加强妊娠母牛的饲养管理，使其能够正常的产犊和哺乳。

（1）加强妊娠母牛的饲养。母牛在妊娠初期，由于胎儿生长发育较慢，其营养需求较少，为此，对妊娠初期的母牛不再另行考虑，一般按空怀母牛进行饲养。母牛妊娠到中后期应加强营养，尤其是妊娠最后的 2~3 个月，加强营养显得特别重要，这期间的母牛营养直接影响着胎儿生长和本身营养蓄积。如果此期营养缺乏，容易造成犊牛初生重低、母牛体弱和奶量不足。严重缺乏营养，会造成母牛流产。

舍饲妊娠母牛，要依妊娠月份的增加调整日粮配方，增加营养物质给量。对于放牧饲养的妊娠母牛，多采取选择优质草场，延长放牧时间，牧后补饲等方法加强母牛营养，以满足其营养需求。在生产实践中，多对妊娠后期母牛每天补喂 1~2kg 精饲料。同时，又要注意防止妊娠母牛过肥，尤其是头胎青年母牛，更应防止过度饲养，以免发生难产。在正常的饲养条件下，使妊娠母牛保持中等膘情即可。

（2）做好妊娠母牛的保胎工作。在母牛妊娠期间，应注意防止流产、早产，这一点对放牧饲养的牛群显得更为重要，实践中应注意以下几个方面。

①将妊娠后期的母牛同其他牛群分别组群，单独放牧在邸近的草场。

②为防止母牛之间互相挤撞，放牧时不要鞭打驱赶以防

惊群。

③雨天不要放牧和进行驱赶运动，防止滑倒。

④不要在有露水的草场上放牧，也不要让牛采食大量易产气的幼嫩豆科牧草，不采食霉变饲料，不饮带冰碴水。

对舍饲妊娠母牛应每日运动 2h 左右，以免过肥或运动不足。要注意对临产母牛的观察，及时做好分娩助产的准备工作。

### 2. 哺乳母牛的饲养管理

哺乳母牛就是产犊后用其乳汁哺育犊牛的母牛。加强哺乳母牛的饲养管理，具有十分重要的现实意义。

（1）舍饲哺乳母牛的饲养管理。母牛产犊 10 天内，尚处于体恢复阶段，要限制精饲料及根茎类饲料的喂量，此期若饲养过于丰富，特别是精饲料给量过多，母牛食欲不好、消化失调，易加重乳房水肿或发炎，有时因钙、磷代谢失调而发生乳热症等，这种情况在高产母牛身上极易出现。因此，对于产犊后体况过肥或过瘦的母牛必须进行适度饲养。对体弱母牛，产后 3 天内只喂优质干草，4 天后可喂给适量的精饲料和多汁饲料，并根据乳房及消化系统的恢复状况，逐渐增加给料量，但每天增加精料量不得超过 1kg，当乳水肿完全消失时，饲料可增至正常。若母牛产后乳房没有水肿，体质健康、粪便正常，在产犊后的第一天就可饲喂多汁料和精料，到 6 ~ 7 天即可增至正常喂量。

头胎母牛产后饲养不当易出现酮病——血糖降低、血和尿中酮体增加。表现食欲不佳、产奶量下降和出现神经症状。其原因是饲料中富含碳水化合物的精料喂量不足，而蛋白质给量过高所致。实践中应给予高度的重视。

在饲养肉用哺乳母牛时，应正确安排饲喂次数。研究表明：两次饲喂日粮营养物质的消化率比 3 次和 4 次饲喂低 3.4%，但却减少了劳动消耗。一般以日喂 3 次为宜。

（2）哺乳母牛的放牧管理。夏季应以放牧管理为主。放牧期间的充足运动和阳光浴及牧草中所含的丰富营养，可促进牛体的新陈代谢，改善繁殖机能，提高泌乳量，增强母牛和犊牛的健康。放牧饲养前应做好以下几项准备工作。

①放牧场设备的准备。在放牧季节到来之前，要检修房舍、棚圈及篱笆；确定水源和饮水后临时休息点；整修道路。

②牛群的准备。包括修蹄、去角、驱除体内外寄虫、检查牛号、母牛的称重及组群等。

③从舍饲到放牧的过渡。母牛从舍饲到放牧管理要逐步进行，一般需 7 ~ 8 天的过渡期。当母牛被赶到草地放牧前，要用粗饲料、半干贮及青贮饲料预饲，日粮中要有足量的纤维素以维持正常的瘤胃消化。若冬季日粮中多汁饲料很少，过渡期应 10 ~ 14 天。时间上由开始时的每天放牧 2 ~ 3h，逐渐过渡到末尾的每天 12h。

在过渡期，为了预防青草抽搐症，春季当牛群由舍饲转为放牧时，开始一周不宜吃得过多，放牧时间不宜过长，每天至少补充 2kg 干草；并应注意不宜在牧场施用过多钾肥和氨肥，而应在易发本病的地方增施硫酸镁。

由于牧草中含钾多钠少，因此要特别注意食盐的补给，以维持牛体内的钠钾平衡。补盐方法：可配合在母牛的精料中喂给，也可在母牛饮水的地方设置盐槽，供其自由舔食。

**（七）肉牛肥育技术**

**1. 肉牛肥育方式**

肉牛肥育方式一般可分为放牧肥育、半舍饲半放牧肥舍饲肥育等 3 种。

（1）放牧肥育方式。放牧肥育是指从犊牛到出栏牛，完全采用草地放牧而不补充任何饲料的肥育方式，也称草地畜牧业。这种肥育方式适于人口较少、土地充足、草地广阔、降雨量充沛、牧草丰盛的牧区和部分半农半牧区。这种方式也可称为放牧育肥，且最为经济，但饲养周期长。

（2）半舍饲半放牧肥育方式。夏季青草期牛群采取放牧肥育，寒冷干旱的枯草期把牛群于舍内圈养，这种半集约式的育肥方式称为半舍饲肥育。

此法通常适用于热带地区，因为当地夏季牧草丰盛，可以满足肉牛生长发育的需要，而冬季低温少雨，牧草生长不良或不能生长。

我国东北地区，也可采用这种方式。但由于牧草不如热带丰盛，故夏季一般采用白天放牧，晚间舍饲，并补充一定精料，冬季则全天舍饲。

此法的优点是：可利用最廉价的草地放牧，犊牛断奶后可以低营养过冬，第二年在青草期放牧能获得较理想的补偿增长。在屠宰前有 3~4 个月的舍饲肥育，胴体优良。

（3）舍饲肥育方式。肉牛从出生到屠宰全部实行圈养的肥育方式称为舍饲肥育。舍饲的突出优点是使用土地少，饲养周期短，牛肉质量好，经济效益高。缺点是投资多，需较多的精料。适用于人口多，土地少，经济较发达的地区。

## 2. 肉牛肥育技术

（1）犊牛肥育。犊牛肥育又称小肥牛肥育，是指犊牛出生后 5 个月内，在特殊饲养条件下，育肥至 90~150kg 时屠宰，生产出风味独特，肉质鲜嫩、多汁的高档犊牛肉。犊牛肥育以全乳或代乳品为饲料，在缺铁条件下饲养，肉色很淡，故又称"白牛"生产。

1）犊牛的选择。

①品种。一般利用奶牛业中不作种用公犊进行犊牛育肥。在我国，多数地区以黑白花奶牛公犊为主，主要原因是黑白花奶牛公犊前期生长快、育肥成本低，且便于组织生产。

②性别、年龄与体重。一般选择初生重不低于 35kg、无缺损、健康状况良好的初生公牛犊。

③体形外貌。选择头方大、前管围粗壮、蹄大的犊牛。

2) 饲养管理技术。

①饲料。由于犊牛吃了草料后肉色会变暗，不受消费者欢迎，为此犊牛肥育不能直接饲喂精料、粗料，应以全乳或代乳品为饲料。

以代乳品为饲料的参考配方如下。

丹麦配方：

脱脂乳 60%～70%；猪油 15%～20%；乳清 15%～20%；玉米粉 1%～10%；矿物质、微量元素 2%。

日本配方：脱脂奶粉 60%～70%；鱼粉 5%～10%；豆饼 5%～10%；油脂 5%～10%。

②饲喂。犊牛的饲喂应实行计划采食。以代乳品为饲料的饲喂计划见表 4－3。

表 4－3    代乳品饲喂量

| 周龄 | 代乳品（g） | 水（kg） | 代乳品/水的比例 |
| --- | --- | --- | --- |
| 1 | 300 | 3 | 100 |
| 2 | 660 | 6 | 110 |
| 8 | 1 800 | 12 | 145 |
| 12～14 | 3 000 | 16 | 200 |

1～2 周代乳品温度为 38℃左右；以后为 30～35℃。

饲喂全乳，也要加喂油脂。为更好地消化脂肪，可将牛乳均质化，使脂肪球变小，如能喂当地的黄牛乳、水牛乳，效果会更好。

饲喂应用奶嘴，日喂 2～3 次，日喂量最初 3～4kg，以后逐渐增加到 8～10kg，4 周龄后喂到能吃多少吃多少。

③管理。严格控制饲料和水中铁的含量，强迫牛在缺铁条件下生长；控制牛与泥土、草料的接触，牛栏地板尽量采用漏粪地板，如果是水泥地面应加垫料，垫料要用锯末，不要用秸秆、稻草，以防采食；饮水充足，定时定量；有条件的，犊牛应单独饲

养，如果几个犊牛圈养，应带笼嘴，以防吸吮耳朵或其他部位；舍温要保持在 20℃ 以下，14℃ 以上，通风良好；要吃足初乳，最初几天还要在每千克代乳品中添加 40mg/kg 抗生素和维生素 A、维生素 D、维生素 E，2～3 周要经常检查体温和采食量，以防发病。

④屠宰月龄与体重。犊牛饲喂到 1.5～2 月龄，体重达到 90kg 时即可屠宰。如果犊牛增长率很好，进一步饲喂到 3～4 个月龄，体重 170kg 时屠宰，也可获得较好效果。但屠宰月龄超过 5 月龄以后，单靠牛乳或代乳品增长率就差了，且年龄越大，牛肉越显红色，肉质较差。

（2）青年牛肥育。青年牛肥育主要是利用幼龄牛生长快的特点，在犊牛断奶后直接转入肥育阶段，给以高水平营养，进行直线持续强度育肥，13～24 月龄前出栏，出栏体重达到 360～550kg 以上。这类牛肉鲜嫩多汁、脂肪少、适口性好，是上档牛肉。

1）舍饲强度肥育。青年牛的舍饲强度肥育一般分为适应期、增肉期和催肥期 3 个阶段。

①适应期。刚进舍的断乳犊牛，不适应环境，一般要有一个月左右的适应期。应让其自由活动，充分饮水，饲喂少量优质青草或干草，麸皮每日每头 0.5kg，以后逐步加麸皮喂量。当犊牛能进食麸皮 1～2kg，逐步换成育肥料。其参考配方如下：酒糟 5～10kg，干草 15～20kg，麸皮 1～1.5kg，食盐 30～35g。

②增肉期。一般 7～8 个月，分为前后两期。前期日粮参考配方为：酒糟 10～20kg，干草 5～10kg，麸皮、玉米粗粉、饼类各 0.5～1kg，尿素 50～70g，食盐 40～50g。喂尿素时将其溶解在水中，与酒糟或精料混合饲喂。切忌放在水中让牛饮用，以免中毒。后期参考配方为：酒糟 20～25kg，干草 2.5～5kg，麸皮 0.5～1kg，玉米粗粉 2～3kg，饼类 1～1.3kg，尿素 125g，食盐 50～60g。

③催肥期。此期主要是促进牛体膘肉丰满，沉积脂肪，一般为两个月。日粮参考配方如下：酒糟 20～30kg，干草 1.5～2kg，麸皮 1～1，5kg，玉米粗粉 3～3.5kg，饼类 1，25～1.5kg，尿素 150～170g，食盐 70～80g。为提高催肥效果，可使用瘤胃素，每日 200mg，混于精料中饲喂，体重可增加 10%～20%。

肉牛舍饲强度育肥要掌握短缰拴系（缰绳长 0.5m）、先粗后精、最后饮水、定时定量饲喂的原则。每日饲喂 2～3 次，饮水 2～3 次。喂精料时应先取酒糟用水拌湿，或干、湿酒糟各半混均，再加麸皮、玉米粗粉和食盐等。牛吃到最后时加入少量玉米粗粉，使牛把料吃净。饮水在给料后 1h 左右进行，要给 15～25℃的清洁温水。

2）放牧补饲强度肥育。是指犊牛断奶后进行越冬舍饲，到第二年春季结合放牧适当补饲精料。这种育肥方式精料用量少，每增重 1kg 约消耗精料 2kg。但日增重较低，平均日增重在 1kg 以内。15 个月龄体重为 300～350kg，8 个月龄体重为 400～450kg。

放牧补饲强度肥育饲养成本低，肥育效果较好，适合于半农半牧区。

进行放牧补饲强度肥育，应注意不要在出牧前或收牧后，立即补料，应在回舍后数小时补饲，否则会减少放牧时牛的采食量。当天气炎热时，应早出晚归，中午多休息，必要时夜牧。当补饲时，如粗料以秸秆为主，其精料参考配方如下：1～5 月，玉米面 60%、油渣 30%、麦麸 10%。6～9 月，玉米面 70%、油渣 20%、麦麸 10%。

3）粗饲料为主的育肥法。

①以青贮玉米为主的育肥法。青贮玉米是高能量饲料，蛋白质含量较低，一般不超过 2%。以青贮玉米为主要成分的口粮，要获得高日增重，要求搭配 1.5kg 以上的混合精料。其参考配方见表 4-4。

表4-4　体重300~350kg肥育牛参考配方　（单位：kg）

| 饲料 | 一阶段 | 二阶段 | 三阶段 |
|---|---|---|---|
| 青贮玉米 | 30 | 30 | 25 |
| 干草 | 5 | 5 | 5 |
| 混合 | 0.5 | 1.0 | 2.0 |
| 食盐 | 0.03 | 0.03 | 0.03 |
| 无机盐 | 0.04 | 0.04 | 0.04 |

注：肥育期为90天，每阶段各30天

以青贮玉米为主的肥育法，增重的高低与干草的质量、混合精料中豆粕的含量有关。如果干草是苜蓿、沙打旺、红豆草、串叶松香草或优质禾本科牧草，精料中豆粕含量占一半以上，则日增重可达1.2kg以上。

②干草为主的肥育法。在盛产干草的地区，秋冬季能够贮存大量优质干草，可采用干草肥育。具体方法是：优势干草随意采食，日加1.5kg精料。干草的质量对增重效果起关键性作用，大量的生产实践证明，豆科和禾本科混合干草饲喂效果较好，而且还可节约精料。

（3）架子牛快速肥育。也称后期集中肥育，是指犊牛断奶后，在较粗放的饲养条件下饲养到2~3周岁，体重达到300kg以上时，采用强度肥育方式，集中肥育3~4个月，充分利用牛的补偿生长能力，达到理想体重和膘情后屠宰。这种肥育方式成本低，精料用量少，经济效益较高，应用较广。

架子牛的肥育要注意以下几个环节。

①购牛前的准备。购牛前1周，应将牛舍粪便清除，用水清洗后，用2%的火碱溶液对牛舍地面、墙壁进行喷洒消毒，用0.1%的高锰酸钾溶液对器具进行消毒，最后再用清水清洗一次。如果是敞圈牛舍，冬季应扣塑膜暖棚，夏季应搭棚遮阴，通风良好，使其温度不低于5℃。

②架子牛的选购。架子牛的优劣直接决定着肥育效果与效

益。应选夏洛来、西门塔尔等国际优良品种与本地黄牛的杂交后代，年龄在 1~3 岁，体型大、皮松软，膘情较好，体重在 300kg 以上，健康无病。

③驱虫。架子牛入栏后应立即进行驱虫。常用的驱虫药物有阿弗米丁、丙硫苯咪唑、敌百虫、左旋咪唑等。应在空腹时进行，以利于药物吸收。驱虫后，架子应隔离饲养 2 周，其粪便消毒后，进行无害化处理。

④健胃。驱虫 3 日后，为增加食欲，改善消化机能，应进行一次健胃。常用于健胃的药物是人工盐，其口服剂量为每头每次 60~100g。

⑤饲养管理。肥育架子牛应采用短缰拴系，限制活动。缰绳长 0.4~0.5m 为宜，使牛不便趴卧，俗称"养牛站"。饲喂要定时定量，先粗后精，少给勤添。刚入舍的牛因对新的饲料不适应，头一周应以干草为主，适当搭配青贮饲料，少给或不给精料。肥育前期，每日饲喂 2 次，饮水 3 次；后期日饲喂 3~4 次，饮水 4 次。每天上、下午各刷拭一次。经常观察粪便，如粪便无光泽，说明精料少，如便稀或有料粒，则精料太多或消化不良。

⑥日粮配方。在我国架子牛肥育的日粮以青粗饲料或酒糟、甜菜渣等加工副产物为主，适当补饲精料。精粗饲料比例按干物质计算为 1∶（1.2~1.5），日干物质采食量为体重的 2.5%~3%。其参考配方见表 4-5。

表 4-5 日粮配方表

|  | 干草或青贮玉米秸（kg） | 酒糟（kg） | 玉米粗粉（kg） | 饼类（kg） | 盐（g） |
|---|---|---|---|---|---|
| 1~15 天 | 6~8 | 5~6 | 1.5 | 0.5 | 50 |
| 16~30 天 | 4 | 12~15 | 1.5 | 0.5 | 50 |
| 31~60 天 | 4 | 16~18 | 1.5 | 0.5 | 50 |
| 61~100 天 | 4 | 18~20 | 1.5 | 0.5 | 50 |

# 二、肉牛常见病防治技术

## （一）牛布氏杆菌病

布氏杆菌病是由布氏杆菌引起的一种人兽共患疾病。在家畜中牛、羊最易发生，而且极易使接触病牛、羊的人发生布氏杆菌病，遭受疾病的痛苦折磨。在临床上，虽然猪等其他家畜也可感染发病，但是与牛、羊相比却轻得多。

流行特点：母牛较公牛易感，犊牛对本病具有抵抗力。随着年龄的增长，抵抗力逐渐减弱，性成熟后，对本病最为敏感。病畜可成为本病的主要传染源，尤其是受感染的母畜，它们在流产和分娩时，将大量布氏杆菌随着胎儿、胎水和胎衣排出体外，流产后的阴道分泌物以及乳汁中都含有布氏杆菌。易感牛主要是由于摄入了被布氏杆菌污染的饲料和饮水而感染。也可通过皮肤创伤感染。布氏杆菌进入牛体后，很快在所适应的组织或脏器中定居下来。病牛将终生带菌，不能治愈，并且不定期地随乳汁、精液、脓汁，特别是母畜流产的胎儿、胎衣、羊水、子宫和阴道分泌物等排出体外，扩大感染。人的感染主要是由于手部接触到病菌后再经口腔进入体内而发生感染。近年来，由于市场经济活跃，牛、羊买卖频繁，使牛、羊布氏杆菌病的发生出现了明显的上升趋势，而且人患此病的数量也在不断增加。目前此病已成为最重要的人兽共患病。

临床症状：牛感染布氏杆菌后，潜伏期通常为2周至6个月。主要临床症状为母牛流产，也能出现低烧，但常被忽视。妊娠母牛在任何时期都可能发生流产，但流产主要发生在妊娠后的第6~8个月。流产过的母牛，如果再次发生流产，其流产时间会向后推迟。流产前可表现出临产时的症状，如阴唇、乳房肿大等。但在阴道黏膜上可以见到粟粒大有红色结节，并且从阴道内流出灰白色或灰色黏性分泌物。流产时常见有胎衣不下。流产的胎儿有的产前已死亡；有的产出虽然活着，但很衰弱，不久即死。公牛患本病后，主要发生睾丸炎和副睾炎。初期睾丸肿胀、疼痛，中度发热和食欲不振。3周以后，疼痛逐渐减轻；表现为睾丸和副睾肿大，触之坚硬。此外，病牛还可出现关节炎，严重时关节肿胀疼痛，重病牛卧地不起。牛流产1~2次后，可以转为正常产，但仍然能传播本病。

剖检变化：妊娠母牛子宫与胎膜的病变较为严重。绒毛膜因充血而呈污红色或紫红色，表面覆盖黄色坏死物和污灰色脓汁。常见到深浅不一的糜烂面。胎膜水肿、肥厚，呈黄色胶冻样浸润。由于母体胎盘与胎儿胎盘炎性坏死，引起流产。胎儿胎盘与母体胎盘粘连，导致胎衣不下，可继发子宫炎。胎儿真胃内含有微黄色或白色黏液及絮状物；胃肠、膀胱黏膜和浆膜上有的有出血点；肝、脾、淋巴结有不同程度的肿胀。

诊断：本病从临床上不易诊断，但是根据母牛流产和表现出的相应临床变化，应该怀疑有本病的存在。本病必须通过试验室检查。

在本病诊断中应用较广的是试管凝集试验和平板凝集试验，尤其是后者，由于其方法简便、需要设备少、敏感较强、易于操作，常被基层兽医站和饲养场兽医室广泛采用，但是凝集试验并不能检出所有患病牲畜，而且可能出现非特异性凝集反应，影响结果的判定。补体结合反应具有高度异性，但操作较为复杂，基层兽医站通常难以承担。所以，对本病的诊断程序应按如下进行：根据临床变化，疑似本病存在时，应立即采血，分离血清，进行血清凝集试验。阳性病牛血清和疑似病牛血清，迅速送至上级兽医部门作补体结合反应，进行最后确诊。

防治：因本病在临床上，一方面难以治愈，另一方面不允许治疗，所以发现病牛后，应采取严格的扑杀措施，彻底销毁病牛尸体及其污染物。农业部已制订了全国布鲁氏菌病的防控规范。

采取免疫、检疫、淘汰病畜的综合防治措施。在本病的控制区和稳定控制区内,停止注射疫苗;对易感家畜实行定期疫情监测,及时扑杀病畜。在未控制区内,主要以免疫为主,定期抽检,发现阳性畜时应全部扑杀。在疫区内,如果出现布病疫情暴发,疫点内畜群必须全部进行检疫,阳性病畜亦要全部扑杀,不进行免疫。阴性家畜与受威胁畜群应全部免疫。奶牛、种牛每年要全部检疫,其产品必须具有布病检疫合格证方可出售。牛可口服猪型布病2号苗(S2),免疫率达90%以上,种用、奶用牛不免疫,定期检疫、淘汰阳性牛。

净化办法:普通黄牛S2苗免疫密度必须在90%以上;奶用和种用牛只检不免,阳性淘汰。未经免疫的8月龄以上普通犊牛,全部采血检疫,阳性淘汰,阴性免疫。

## (二) 口蹄疫

口蹄疫是由口蹄疫病毒引起的,急性、热性,接触性传染病。主要感染猪、牛、羊每骆驼、鹿等家畜和其他野生偶蹄动物。此病的危害极大,国际兽疫局(OIE)将此病列为A类动物疫病之首。

口蹄疫的预防控制方法如下。

### 1. 疫苗的选择

免疫所用疫苗必须经农业部批准,由省级动物防疫部门统一供应,疫苗要在2~8℃下避光保存和运输,严防冻结,并要求包装完好,防止瓶体破裂,途中避免日光直射和高温,尽量减少途中的停留时间。

### 2. 免疫接种

免疫接种要求由兽医技术人员具体操作(包括饲养场的兽医)。接种前要了解被接种动物的品种、健康状况、病史及免疫史,并登记造册。免疫接种所使用的注射器、针头要进行灭菌处理，一畜一换针头，凡患病、瘦弱、临产母畜不应接种，待病畜康复或母畜分娩后，仔猪达到免疫日龄再按时补免。

### 3. 免疫程序

散养畜每年采取两次集中免疫（5月、11月），坚持月月补针，免疫率必须达到100%。母牛分娩前2个月接种一次；犊牛4月龄首免，6个月后二免，以后每6个月免疫一次。如供港或调往外省的牛，出场前4周加强免疫一次。外购易感动物，48h内必须免疫（20~30天后加强免疫）。

### 4. 消毒

饲养场必须建立严格的消毒制度。大门、生产区门口要设置宽敞大门，长为机动车轮一周半的消毒池，池内的消毒药为2%~3%的氢氧化钠，消池内消毒药定期更换，保持有效浓度。畜舍地面，选择高效低毒次氯酸钠消毒药每周一次，周围环境每二周进行一次。发生疫情时可选用2%~3%的氢氧化钠消毒，早晚各一次。

### （三）牛焦虫病

本病是由双芽焦虫、巴贝西焦虫和泰勒焦虫引起的，病原体为多种无色素的血孢子虫，通常寄生于红细胞内。焦虫病是一种传播病，但不能接触感染，必须通过适宜的蜱来传播。一种焦虫多由一定种属的蜱来传播。也就是说，某一地区存在某种蜱，就预示着可能会有某种焦虫存在。蜱的种类和分布是有明显的地区性和季节性的，所以焦虫病的存在和发生也有地区性和季节性。

流行特点：本病有明显的季节性，常呈地方性流行，多发于夏秋季节和蜱类活跃地区。由双芽焦虫致发本病的一岁龄小牛发病率较高，症状轻微，死亡率低。成年牛与其相反，死亡率较高；由巴贝西焦虫致发本病的3月龄至一岁内小牛病情较重，死亡率较高。成年牛死亡率较低。良种肉牛易发本病。

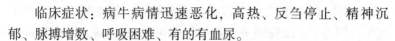

临床症状：病牛病情迅速恶化，高热、反刍停止、精神沉郁、脉搏增数、呼吸困难、有的有血尿。

剖检变化：体表淋巴结肿大。可视黏膜黄染、皮下结缔组织发黄、水肿、血凝不全，膀胱内积有血色尿液。

诊断：根据病牛的临床症状、剖检变化、流行特点、蜱类特征可以做出初步诊断。确诊需采病牛耳尖血涂片，奶姬氏镜检，在红细胞内寻找特征性虫体。

防治：焦虫病疫苗尚处于研制阶段，病牛仍以药物治疗为主。

（1）三氮脒又称贝尼尔或血虫净，是治疗焦虫病的高效物。临用时，用注射用水配成5%溶液，作分点深层肌肉注射或皮下注射。一般病例每千克体重注射 3.5～3.8mg。对顽固的牛环形泰勒焦虫病等重症病例，每千克体重应注射 7mg。黄牛按治疗量给药后，可能出现轻微的副反应，如起卧不安、肌肉震颤等，但很快消失。

（2）灭焦敏：对牛泰勒焦虫病有特效，对其他焦虫病也有效，治愈率达90%～100%，灭焦敏是目前国内外治疗焦虫病最好的药物，主要成分是磷酸氯喹和磷酸伯氨喹啉。片剂：牛每10～15kg 体重服一片，每日一次，连服 3～4 日。针剂：牛每次每千克体重肌注 0.05～0.1ml，剂量大时可分点注射。每日或隔日一次，共注射 3～4 次。对重病牛还应同时进行强心、解热、补液等对症疗法，以提高治愈率。

### （四）牛皮蝇蛆病

牛皮蝇蛆病，是由寄生于牛的背部皮下组织内的牛皮蝇和纹皮蝇的幼虫所引起的一种慢性寄生虫病。本病在我国北方地区流行甚广，危害严重。由于皮蝇幼虫的寄生，可使患牛消瘦，皮革的质量降低，幼畜发育受阻。

病原及流行特点：两类皮蝇的成虫形态相似，长为 13～

15mm，体表密生绒毛，呈黄绿色至深棕色。纹皮蝇出现的季节比牛皮蝇为早。纹皮蝇一般在每年的 4～6 月出现，而牛皮蝇则通常在 6～8 月出现。牛只的感染多发生在夏季炎热，成蝇飞翔的季节里。成蝇交配后，雄蝇死亡，雌蝇在晴朗无风的天气里，向牛体皮薄处的被毛上产卵，产卵后雌虫死亡。蝇卵经 4～7 天孵出第一期幼虫，爬到毛根部钻进皮肤内。幼虫在皮下组织内经过长时间的移行和发育，最后达到背部皮下。纹皮蝇的幼虫在移行过程中，还要经过食道。在次年的早春季节，发育成第三期幼虫。第三期幼虫在背部皮下停留 2～2.5 个月，幼虫成熟后，由皮肤内钻出落地变成蛹，约经 1～2 个月，蛹再孵出成虫。

诊断：雌蝇在牛体产卵时，扰乱牛只。牛表现不安、喷鼻、蹄踢、狂奔。幼虫在皮下组织内移行时，能引起牛的瘙痒、疼痛不安。幼虫出现在背部皮下时易于诊断。最初在牛的背部皮肤上可以摸到长圆形的硬节，再经一个多月，即出现肿瘤样的隆起，在隆起的皮肤处，可见到小孔，小孔的周围堆集着干涸的脓痂。并能从皮肤穿孔处挤出幼虫。另外，剖检时，也可在食道壁和皮下发现幼虫。根据以上特点，在临床上不难对本病做出诊断。

防治：

（1）经常检查牛背，发现皮下有成熟的疣肿时，用针刺死幼虫，或挤排出幼虫，涂以碘酊。

（2）皮下注射 50% 乐果酒精溶液，大牛 5ml，小牛及中等牛 2～3ml。

（3）皮蝇磷：牛每千克体重内服 100mg。

（4）在牛背部涂以 2% 敌百虫水溶液 300ml，每次 2～3min，24h 后，大部分幼虫可软化致死，5～6 天后瘤状隆起显著缩小。涂一次杀虫率可达 90%～95%。亦可有牛背患部的小孔处涂上本药。涂之前先清除小孔附近的干涸脓痂，露出皮孔，使药液易接触到虫体。涂一次即可使大部分幼虫软化致死。

在本病流行地区，每逢皮蝇活动季节，可以间隔 20 天，对牛体用药喷洒一次，共3~4次，即可达到全面防治的目的。

### （五）新生犊牛下痢

犊牛下痢是一种发病率高、病因复杂、难以治愈、死亡率高的疾病。临床上主要表现为伴有腹泻症状的胃肠炎，全身中毒和机体脱水。研究表明，轮状病毒和冠状病毒在生后初期的犊牛腹泻发生中，起到了极为重要的作用，病毒可能是最初的致病因子。虽然它并不能直接引起犊牛死亡，但这两种病毒的存在，能使犊牛肠道功能减退，极易继发细菌感染，尤其是致病性大肠杆菌，引起严重的腹泻。另外，母乳过浓、气温突变、饲养管理失误，卫生条件差等对本病的发生，都具有明显的促进作用。犊牛下痢尤其多发于集约化饲养的犊牛群中。

临床症状：本病多发于生后第2~5天的犊牛。病程约2~3天，呈急性经过。病犊牛突然表现精神沉郁，食欲废绝，体温高达39.5~40.5℃，病后不久，即排灰白、黄白色水样或粥样稀便，粪中混有未消化的凝乳块。后期粪便中含有黏液、血液、伪膜等，粪色由灰色变为褐色或血样，具有酸臭或恶臭气味，尾根和肛门周围被稀粪污染，尿量减少。约一天后，病犊背腰拱起，肛门外翻，常见里急后重，张口伸舌，哞叫，病程后期牛常因脱水衰竭而死。本病可分为败血型、肠毒血型和肠型。败血型：主要见于7日龄内未吃过初乳的犊牛，为致病菌由肠道进入血液而致发的，常见突然死亡。肠毒血型：主要见于生后7日龄吃过初乳的犊牛，致病性大肠杆菌在肠道内大量增殖并产生肠毒素，肠毒素吸收入血所致。肠型（白痢）：最为常发，见于7~10日龄吃过初乳的犊牛。

病理变化：病死犊牛由于腹泻，而使机体脱水消瘦。病变主要在消化道，呈现严重的卡他性、出血性炎症。肠系膜淋巴结肿大，有的还可见到脾肿大，肝脏与肾脏被膜下出血，心内膜有点状出血。肠内容物如血水样，混有气泡。

诊断：根据流行病学特点、临床症状和剖检变化，对本病可作出初步诊断。确诊还需要进行细菌分离和鉴定。细菌分离所用材料，生前可取病犊粪便，死后可取肠系膜淋巴结，肝脏、脾脏及肠内容物。应当注意：健康犊牛肠道内也有大肠杆菌，而且病犊死后，大肠杆菌又易侵入到组织中，所以，分离到细菌后，必须鉴定出血清型，再进行综合判断。

防治：治疗本病时，最好通过药敏试验，选出敏感药物后，再行给药。临床上常选用下列药物治疗本病：庆大霉素、氨苄青霉素、土霉素等。

抗菌治疗的同时，还应配合补液，以强心和纠正酸中毒。

①口服 ORS 液（氯化钠 3.5g、氯化钾 1.5g、碳酸氢钠 2.5g、葡萄糖 20g、加常水至 1 000ml）：供犊牛自由饮用，或按每千克体重 100ml，每天分 3 ~ 4 次给犊牛灌服，即可迅速补充体液，同时能起到清理肠道的作用。

②6% 低分子右旋糖酐、生理盐水、5% 葡萄糖、5% 碳酸氢钠各 250ml、氢化可的松 100mg、维生素 C 10ml，混溶后，给犊牛一次静脉注射。轻症每天补液一次，重危症每天补液两次。补液速度以 30 ~ 40ml/min 为宜。危重病犊牛也可输全血，可任选供血牛，但以该病犊的母牛血液最好。输血方法：2.5% 枸橼酸钠 50ml 与全血 450ml，混合后一次静脉注射。

预防：对于刚出生的犊牛，可以尽早投服预防剂量的抗生素药物。如氯霉素、痢菌净等，对于防止本病的发生具有一定的效果。另外，可以给怀孕期的母牛注射用当地流行的致病性大肠杆菌株所制成的菌苗。在本病发生严重的地区，应考虑给妊娠母牛注射轮状病毒和冠状病毒疫苗。如江苏省农业科学院研制的牛轮状病毒疫苗，给孕母牛接种以后，能有效控制犊牛下痢症状的发生。

### （六）氟乙酰胺中毒

氟乙酰胺为有机氟内吸性杀虫剂，亦称敌蚜胺。为白色针状结晶，无味、无臭、易溶于水，有吸湿性，不易挥发。其水溶液无色透明。本药作为农药被广泛使用，常污染饲草，被作为鼠药应用，易混入饲料被牛误食。另外，也有人将其用于投毒，致使近年来牛氟乙酰胺中毒呈急剧的上升趋势。

氟乙酰胺属神经性毒物，其特点是不易挥发，也不溶于脂类物质中，所以不易经呼吸道和皮肤表面进入体内，只能经消化道引起牛的中毒。

临床症状：病牛因采食量不同，所表现临床症状的严重程度也不同。常分为急性中毒和慢性中毒。牛对氟乙酰胺比较敏感，给黄牛按每千克体重1mg内服，就能引起急性中毒死亡。

急性中毒的病牛，通常来势比较快，见不到明显的前驱症状，而是突然表现精神沉郁。采食同样饲草或饲料的牲畜几乎同时发病。有时，同群的，但不同槽的牛，即使是临近的也可能不发病，所以既表现出同步发生，又不表现有传染性，体温正常或低于常温是本病的特点。饮水减少，采食降低甚至不食，牛反刍停止，肘部的肌群震颤，眼结膜潮红。肠音初期高朗，后期减弱，最后消失。心跳加速，节律不齐，走路后驱摇摆，病程可持续2～3天。最急性的约9～18h，就可能突然倒地，四肢划动、抽搐、惊厥或角弓反张，有的数分钟内呼吸抑制，心跳停止而死亡。

慢性氟乙酰胺中毒：病牛常是因为误食少量氟乙酰胺所致。潜伏期为5～7天。病畜逐渐表现出不愿活动，精神不振，饮、食欲减少，反刍停止，多独处一边，行走时落后，喜静。强行驱赶，走几步后卧地，瞳孔散大或缩小，肘部肌肉震颤，个别患牛排恶臭稀便，常见轻微腹痛。体温正常或偏低，心律不齐，脉搏增速。病情可反复发作，往往在抽搐过程中，因呼吸抑制，循环衰竭而致死。

剖检变化：胃底和肠黏膜脱落，有明显的出血点和出血斑。血液凝固不良，这是由于氟乙酰胺与血中游离钙结合所致。肝脏肿大，切面湿润多汁。心脏质地变软，在心冠脂肪上可见到散在的出血点，在纵沟和心尖上也可见到多量的弥漫性出血点。心内膜有散在的出血点，瓣膜增厚。脑软膜充血、出血，延脑和脑桥有密集的出血点。肺淤血性水肿、出血。肾淤血、微肿。

诊断：根据病因、临床症状、剖检变化可以做出初步诊断。确诊可取病死牛的瘤胃内容物，经羟肟酸反应，奈氏试剂反应和显微结晶反应，进行氟乙酰胺定性试验。

治疗：及早排出牛误食进去的含毒饲料是本病治疗的关键。可立即进行洗胃处理。早期可用0.05%高锰酸钾或淡肥皂水洗胃。如果食入时间较长，应立即采取排泄和利尿的措施，因为此时毒物已大部分吸收入血。可给牛口服硫酸镁或硫酸钠350～500g，同时内服活性炭60～100g，加水5 000ml，以吸附毒物，促其快速排出。也可给病牛投服牛奶、鸡蛋清、绿豆水等。尤其是鸡蛋清，对保护胃肠黏膜、吸附毒素、阻止毒素吸收特别方便适用，效果良好。

然后采取药物解毒。可用解氟灵（50%乙酰胺水溶液）。轻度中毒牛，每天按每千克体重0.1g肌肉注射，首先注药量为全日药量的1/2，另一半每隔2h注射1/4。第二天开始将全日药量分为4份，每4h肌肉注射一次。用药2～3天后，每天减药1/3，连用5～6天。必要时也可连续给药。最后要进行辅助疗法。解毒保肝可用5%～10%葡萄糖、10%浓盐水，也可用复方氯化钠静脉注射。纠正酸中毒，可静脉注射5%碳酸氢钠。强心疗法，对牛可用25%～50%葡萄糖100～200ml，加10%安那加20～40ml，5%维生素C 40～80ml，静脉注射。出现痉挛抽搐的病畜，可肌注氯丙嗪，腹痛时肌注30%安乃近等以缓解症状。

### （七）牛猝死症

牛猝死症是近年来在我国各地普遍发生的一种新的病症，备受人们关注。其特点是发病急，症状不明显，死亡快，常来不及治疗即死亡。对养牛业危害较大。

病因：关于本病的病因，近年来研究报道较多，众说纷纭，尚无定论，可概括如下。

（1）牛误食氟乙酰胺污染的饲草或饲料。

（2）牛感染 A 型魏氏梭菌致发本病，或本菌与巴氏杆菌，或致病性大肠杆菌混合感染致发。

（3）牛严重缺硒引起的急性死亡。

发病特点：近年来，牛猝死症的发生日趋严重。各品种、各年龄牛，无论是自繁自养，还是外购的均可发生。散放牛较圈养牛多发。青壮年牛发病率高。本病一年四季都能发生，但多见于秋末、春初季节。可能是因为牛经过漫长的冬季，体力消耗大，饲料单一，气候多变等，给本病发生创造了条件。本病多零星散发，连绵不断，无明显的传染性。

临床症状：牛常在采食、使役、食后不久或休息时，忽然发病死亡。本病特点是发病急、死亡快。牛发病时，多是频频鸣叫、惊恐、口吐白色或暗红色泡沫，颈后及胸侧被毛逆立，肩胛及后肢肌肉震颤，体温正常或偏低，突然倒地、四肢划动，1～2h 内死亡。

剖检变化：胃黏膜脱落，肠内有大量红棕色黏稠液体，肠黏膜脱落，呈弥漫性出血，肠系膜呈树枝状出血。淋巴结肿大，肝、脾和肾肿大、出血，心脏质地变软，心耳有大量出血点，心内、外膜有小点状出血。肺水肿。

诊断与治疗：因牛猝死症发病急、死亡快，常来不及诊断和治疗，或不等兽医人员到场，病牛已经死亡。本病的确诊主要靠死后检查。可以采胃内容物进行毒物分析，也可采集肠管进行细菌学检查等。

预防：对本病应采用综合性预防措施。对氟乙酰胺中毒的常发地区，应加强宣传，防止鼠药污染饲草或饲料。对于缺硒地区，应定期给牛补饲含硒维生素 E。对以 A 型魏氏梭菌感染为主的地区，可选用多联魏氏梭菌苗，给牛进行定期免疫。

### （八）前胃弛缓

前胃弛缓是指牛受到各种致病因素刺激，引起前胃神经肌肉兴奋性降低，收缩力减弱，瘤胃内容物运转迟滞所引起的一种消化机能紊乱综合征。

病因：①长期饲喂单一粗硬难消化的粗纤维饲料，如秸秆、稻草等。②长期饲喂含水分过多的饲料，如酒糟、豆腐渣、淀粉渣等。③饲喂了发霉变质、冰冻、含泥沙多的饲料和有毒物质以及误食毛发、塑料、化纤等物。④长途运输、突然换料、分娩、惊恐、天气突变等应激作用。⑤继发于其他疾病，如中毒病、产后瘫痪、酮病、创伤性网胃炎、腹膜炎、乳房炎等。

临床症状：

①急性前胃弛缓：食欲下降，反刍缓慢或停止，厌食酸性饲料，精神沉郁，鼻镜时干时湿。体温、脉搏和呼吸均无明显变化，瘤胃蠕动音和肠音减弱，触诊瘤胃内容物松软，多呈面团状，有时呈轻微膨气症状。粪便干硬、深褐色，久病不愈者伴发胃肠炎或酸中毒，排棕褐色水样黏稠粪便，体温下降，轻重不一性脱水。

②慢性前胃弛缓：多为继发性因素所致，病情顽固，多数病例食欲时好时坏，异嗜，反复不规则，全身状态常呈好转与恶化交替现象。病牛日见消瘦、精神沉郁、皮肤干燥无弹性。

防治：

①预防：坚持合理的饲养管理制度，不能突然变换饲料。坚持合理地调配饲料，合理供应日粮，既要注意精、粗饲料中钙、

磷、矿物质及维生素的比例，也不能喂变质、霉变、冰冻的饲料，另外要清除饲料中的毛发、塑料布等杂物。

②治疗：停食 1～2 天后，改喂青草和优质干草。防止酸中毒可静脉注射 3%～5% 碳酸氢钠液 300～500ml。缓泻和健胃可用石蜡油 500ml，人工盐 300g，大黄末 100g，加适量水灌服。兴奋瘤胃可用 10% 氯化钠和 10% 氯化钙注射液（1ml/kg 体重）。20% 安钠加 10ml，静脉注射。或 10% 葡萄糖酸钙液、25% 葡萄糖液、5% 碳酸氢钠液各 500ml 与 5% 葡萄糖生理盐水 1 000ml 混合，一次静脉注射。

### （九）瘤胃积食

瘤胃积食是指瘤胃内充满了大量干燥、粗硬难消化的饲料，引起瘤胃急性扩张、瘤胃运动及消化机能紊乱的一种疾病，此病多发于舍饲育肥肉牛。

症状：

食欲、反刍下降或废绝、嗳气减弱，精神沉郁、鼻镜干燥。病牛痛苦呻吟、拱背、起卧不安。触诊瘤胃内容物坚硬，听诊瘤胃蠕动音减弱或消失，后期神经兴奋、呼吸困难、心跳加快、结膜潮红。

病因：

①过食。因饥饿过食难消化的饲料，又缺少饮水，或过食适口性好的谷物、豆类精料等。

②饲养管理不当。饲料方式的突然改变，或饲料中钙缺乏以及钙、磷比例不平衡也可促进本病发生。

③继发于前胃病如中毒病、前胃弛缓、瓣胃阻塞、创伤性网胃炎等。

治疗：

①停饲 1～2 日，按摩瘤胃，驱赶运动。

②硫酸钠 500g，鱼石脂 40g，石蜡油 500ml，加水适量灌服。

③病牛有脱水状况时，复合维生素 B 200ml，10% 氯化钙 200ml，5% 碳酸氢钠 500ml，10% 葡萄糖 500ml，20% 安钠加 10ml，糖盐水 1 000ml，维生素 1g，静脉注射。

### （十）瘤胃臌气

瘤胃臌气是因过多地采食易于发酵产气的饲料，发酵产气后使瘤胃急剧增大而发生膨胀的一种瘤胃疾病。

病因：

①原发。采食大量易发酵产气的青绿饲料，特别是含氮豆科鲜草。

②继发。常继发于食道阻塞或食道狭窄，前胃弛缓、创伤性网胃腹膜炎、麻痹瘤胃的有毒植物中毒等。

症状：

病牛不安、腹痛明显、腹围增大、左肷部异常凸起，反刍、嗳气停止，张口呼吸且呼吸困难，心跳加快，可视黏膜发绀，触诊肷部紧张而有弹性。泡沫性臌气病情更严重。病牛常因窒息而死亡。

治疗：

①瘤胃穿刺排气。

②石蜡油 500ml，鱼石脂 20g，酒精 100ml 加水适量口服，并结合强心补液。

③泡沫性臌气可用消胀片（二甲基硅油）2g 口服。

### （十一）蹄病

蹄病是蹄部疾病的总称，有蹄叉腐烂、蹄底腐烂、蹄叉结节等。

病因：

①厩舍和运动场不洁。

②放牧时碎石子和草木槎子等刺激引起的外伤。

③修蹄不及时。

④化脓和腐败的病原菌感染。

⑤钙、磷、维生素及营养缺乏或不平衡。

症状：

患牛食欲下降，奶牛泌乳量下降，跛行、行走困难，蹄间隙皮肤充血肿胀、溃疡、腐烂，有的发生肿瘤。

防治：

①加强饲养管理，合理供给日粮，补充钙、磷和维生素 $D_3$。

②及时清理运动场和厩舍的粪便和污泥，加强环境消毒。

③定期修蹄。

④ 10%硫酸铜溶液浸泡牛蹄。

⑤有全身症状时要用抗生素进行全身治疗。

### （十二）酮病

酮病是由于饲料中糖和产糖物质不足，以及脂肪代谢障碍使得血液中糖含量减少而酮体含量异常增多，导致消化功能障碍和神经症状的一种疾病，此病奶牛比较常见。

病因：

①饲喂高蛋白、高脂肪、低糖饲料。

②其他原因（奶牛高产、消化器官和肝脏等疾病）使酮体在体内贮积而发病。

症状：

本病的主要症状是精神沉郁，食欲减退，奶量急剧下降，尿和奶呈酮体阳性反应，临床上可分为4种类型。

①消化道型。临床上多见此型，一般发生于分娩后的 2～6 周内，病牛厌食精料和青贮，喜吃干草，腹围收缩，消瘦。

②神经型。兴奋、咬牙、狂躁、步态蹒跚、眼球震颤等。

③产后瘫痪型。分娩后数日内有瘫痪症状，但给予钙制剂治疗也不见效。

④继发性型。继发于真胃、肝、乳房疾病等。

治疗:

①妊娠后期和产犊后 10 天内应少喂精料,增加优质干草的喂量,适当运动。

② 25% 或 50% 葡萄糖 500～1 000ml,并混合保肝,维生素制剂以及肾上腺皮质激素(强地松龙,氟美松等)效果较好。

③ 25% 或 50% 葡萄糖 500～1 000 ml,5% 碳酸氢钠 500～1 000ml,静脉注射,每日 2 次,连续 3 天。有兴奋症状时,内服水合氯醛 20～30g。

④对神经型酮病,可静注 25% 硫酸镁注射液或 20% 葡萄糖酸钙注射液 250ml。

### (十三) 产后瘫痪

产后瘫痪也称产褥热或乳热病,是成年母牛分娩后突倒地不起。

病因:

①分娩前后钙吸收减少和排泄增多引起血钙含量急剧降低。

②干奶期使用高钙低磷日粮。

③维生素 D 不足或合成障碍。

症状:

病牛病初食欲不振、瘤胃蠕动减弱、后肢僵直,站立不稳,常伏卧于地,四肢缩于腹下,头偏于体躯一侧或颈部弯曲呈 S 状。瞳孔散大、对光反应迟钝、体温下降至 37～38℃,呼吸微弱,心跳每分钟高达 100 次以上,有的甚至达 120 次左右,肛门松弛,皮肤知觉消失,反射消失。

预防:

①分娩前 2～8 天肌肉注射维生素 $D_3$ 1g 或饲料中添加维生素 $D_3$ 制剂。

②产前 2～3 周饲喂低钙饲料。

③分娩后的 3 天内应适当地控制挤奶。

④平时母牛要有适量的运动和光照。

治疗：

①钙剂疗法：10% 葡萄糖酸钙 1 000 ~ 1 500ml 静注。此法 6h 后不见好转者，病牛可能伴有严重的低磷酸盐血症，可静脉注射 15% 磷酸二氢钠 250 ~ 300ml。注射时应缓慢，防治出现心跳过速引起死亡。

②乳房送风法。

### （十四）持久黄体

在分娩后的妊娠黄体或排卵未受精后的性周期，黄体超过正常时间而不消失，叫持久黄体，因黄体抑制卵泡发育，所以导致母牛长时间不发情。

病因：主要是由于饲养管理不当，饲料营养不全，运动不足等，也可继发于子宫疾病。

症状：母牛长时间不发情。

治疗：

①加强饲养管理。

②治疗子宫疾病。

③激素治疗，激素有促黄体素、绒毛膜促性腺激素、孕马血清等。

# 模块五　肉羊养殖与疫病防治技术

## 一、肉羊养殖技术

肉羊具有性成熟早、四季发情、产羔频率高，每胎产两只羔羊以上等生理特点。因此肉羊的饲养期短、周转快，可充分利用季节性饲草资源，达到当年羔年、当年育肥、当年屠宰、当年受益。而且肉羊生产的圈舍投资少，饲养成本低，经济效益好，适合广大养殖户饲养的草食性家畜（图 5−1）。

### （一）肉羊的主要品种

#### 1. 引入我国的主要肉羊品种

（1）波尔山羊。原产于南非亚热带地区，1995 年引进我国。波尔山羊毛色为白色，头颈为红褐色，颈部存有一条红色毛带。波尔山羊耳宽下垂，被毛短而稀。头部粗壮，眼大、棕色；口颚结构良好；额部突出，曲线与鼻和角的弯曲相应，鼻呈鹰钩状；角坚实，长度中等，公羊角基粗大，向后、向外弯曲，母羊角细而直立；有鬃；耳长而大，宽阔下垂。该羊具有体型大、成熟早、生长速度快、耐粗饲，适应性强，繁殖率高、产肉多、肉质鲜嫩和抗病力强的特点。成年公羊 95～105kg，母羊 65～75kg。3、5 月龄体重 19～36.5kg，9 月龄体重 50～75kg，屠宰率 52.4%，胴体品质好。春秋两季发情明显，产羔 150%～190%，平均每胎产羔 2.25 只以上，繁殖成活率 123%～184%。

（2）无角陶赛特。原产于大洋洲的澳大利亚和新西兰。1984 年引进我国。无角陶赛特羊体质结实，头短而宽，光脸，羊毛覆

波尔山羊　　　无角陶赛特

萨福克　　　杜泊羊

夏洛莱　　　南江黄羊

槐山羊　　　小尾寒羊

太行黑山羊

图 5-1　肉羊品种

盖至两眼连线，耳中等大，公、母羊均无角，颈短、粗，胸宽深，背腰平直，后躯丰满，四肢粗、短，整个躯体呈圆桶状，面部、四肢及被毛为白色。该羊生长发育快，早熟，全年发情配种产羔。该品种成年公羊体重 90 ~ 110kg，成年母羊为 65 ~ 75kg，剪毛量 2 ~ 3kg，净毛率 60% 左右，毛长 7.5 ~ 10cm，羊毛细度 56 ~ 58 支。产羔率 137% ~ 175%。经过肥育的 4 月龄羔羊的胴体重，公羔为 22kg，母羔为 19.7kg。

（3）萨福克羊。原产英国东部和南部丘陵地，1978 年引进我国。萨福克羊无角。头、耳较长，颈粗长，胸宽，背腰和臀部长宽平，肌肉丰富。体躯被毛白色，脸和四肢黑色或深棕色，并覆盖刺毛。体格大，颈长而粗，胸宽而深，背腰平直，后躯发育丰满，呈桶型，公母羊均无角。四肢粗壮。早熟，生长快，肉质好，繁殖率很高，适应性很强。成年公羊体重 120 ~ 140kg，母羊 70 ~ 90kg，羔羊出生重 4.5 ~ 6.0kg，断乳前日平均增重 330 ~ 400g，4 月龄体重 47.5kg，屠宰率 55% ~ 60%。胴体中脂肪含量低，肉质细嫩，肌肉横断面呈大理石花纹。周岁母羊开始配种，可全年发情配种，产羔率 130% ~ 170%。公、母羊剪毛量分别为 5 ~ 6kg 和 2.5 ~ 3kg，毛长 8 ~ 9cm，细度 50 ~ 58 支，净毛率 80%。该品种早熟，生长发育快，产肉性能好，母羊母性好，产羔率中等，在世界各国肉羊生产体系中多被用作经济杂交的终端父本，生产肥羔。

（4）杜泊羊。产于南非，杜泊绵羊头颈为黑色，体躯和四肢为白色，头顶部平直、长度适中，额宽，鼻梁隆起，耳大稍垂，既不短也不过宽。颈粗短，肩宽厚，背平直，肋骨拱圆，前胸丰满，后躯肌肉发达。四肢强健而长度适中，肢势端正。经济早熟是杜泊羊的最大优点。中等以上营养条件下，羔羊初生重 4 ~ 5.5kg，断奶重 34 ~ 45kg，哺乳期平均日增重 350 ~ 450g；周岁公羊体重 80 ~ 85kg，母羊 60 ~ 62kg，成年公羊体重 100 ~ 120kg，母羊 85 ~ 90kg。杜泊羊以产肥羔肉特别见长，胴体肉质细嫩、多汁、色鲜、瘦肉率高，在国际上被誉为"钻石级肉"。4 月龄屠宰率 51%，净肉率 45% 左右，肉骨比 9.1：1，料重比 1.8：1。公羊 5～6 月龄性成熟，母羊 5 月龄性成熟；公、母羊分别为 12～14 月龄和 8～10 月龄体成熟；情期受胎率大群初产母羊 58%，经产母羊 66%，两个情期受胎率可达 98.4%；妊娠期平均 148.6 天，产羔率平均 177%，杜泊羊为常年发情，该品种具有很好的保姆性与泌乳力。

（5）夏洛莱羊。产于法国中部的夏洛莱地区，夏洛莱被毛为白色。公、母羊均无角，整个头部往往无毛，脸部皮肤呈粉红色或灰色，有的带有黑色斑点，两耳灵活会动，性情活泼。额宽、眼眶距离大、耳大、颈短粗、肩宽平、胸宽而深、肋部拱圆，背部肌肉发达，体躯呈圆桶状，后躯宽大。两后肢距离大，肌肉发达，呈"U"字形，四肢较短，四肢下部为深浅不同的棕褐色。夏洛莱羔羊生长速度快，平均日增重为 300g。4 月龄育肥羔羊体重为 35～45kg，6 月龄公羔体重为 48～53kg，母羔 38～43kg，周岁公羊体重为 70～90kg，周岁母羊体重为 50～70kg。成年公羊体重 110～140kg，成年母羊体重 80～100kg。夏洛莱羊 4～6 月龄羔羊的胴体重为 20～23kg，屠宰率为 50%，胴体品质好，瘦肉率高，脂肪少。夏洛莱羊属季节性自然发情，发情时间集中在 9～10 月，平均受胎率为 95%，妊娠期 144～148 天。初产羔率 135%，3～5 胎产可达 190%。

**2. 我国的主要肉羊品种**

（1）南江黄羊。产于四川省南江县。具有体格大，生长发育快，四季发情，繁殖力强，泌乳力好，抗病力强，采食性好，耐粗放，适应力强，皮板品质好的特点。成年公羊体重 57.3～58.5kg，母羊 38.25～45.1kg。10 月龄平均体重 27.53kg，是屠宰的最佳时间。性成熟早，3 月龄有初情。公羊 12～18 月龄配种，母羊 6～8 月龄配种。平均产羔率 194.62%，经产母羊产羔率为 205.2%。

（2）槐山羊。中心产区在河南周口地区。体型中等，分为有角和无角两种类型。公母羊均有髯，身体结构匀称，呈圆筒形。毛色以白色为主，占90%左右，黑、青、花色共占10%左右。有角型槐山羊具有颈短、腿短、身腰短的特征；无角型槐山羊则有颈长、腿长、身腰长的特点。成年公羊体重35kg，母羊26kg。羔羊生长发育快，9月龄体重占成年体重的90%。7～10月龄羯羊平均宰前活重21.93kg，胴体重10.92kg，净肉重8.89kg，屠宰率49.8%，净肉率40.5%。槐山羊是发展山羊肥羔生产的好品种。槐皮的皮形为蛤蟆状。晚秋初冬的皮为"中毛白"，质量最好。板皮肉面为浅黄色和棕黄色，油润光亮，有黑豆花纹，俗称"蜡黄板"或"豆茬板"。板质致密，毛孔细小而均匀，分层薄而不破碎，折叠无白痕，拉力强而柔软，韧性大而弹力高，是制作"锦羊革"和"苯胺革"的上等原料。槐山羊繁殖性能强，性成熟早，母羊为3个多月，一般6月龄可配种，全年发情。母羊一年两产或两年三产，每胎多羔，产羔率平均249%。

（3）小尾寒羊。原产地河南新乡、开封地区，山东菏泽、济宁地区，以及河北南部、江苏北部和淮北等地。小尾寒羊四肢较长，体躯高大，前后躯都较发达。脂尾短，一般都在飞节以上。公羊有角，呈螺旋状，母羊半数有角，角小。头颈较，鼻梁稍隆起，耳大下垂。被毛为白色，少数在头部及四肢有黑褐色斑点、斑块。成年公、母羊平均体重分别为94.1kg和48.7kg。3月龄公羔断奶体重达26kg，胴体重13.6kg，净肉重10.4kg；3月龄母羊羔断奶体重达24kg，胴体重12.5kg，净肉重9.6kg。6月龄公羊体重可达46kg，胴体重23.6kg，净肉重18.4kg；6月龄母羊体重可达42kg，胴体重21.9kg，净肉重16.8kg。周岁育肥羊屠宰率55.6%，净肉率45.89%。小尾寒羊性成熟早，母羊5～6月龄发情，公羊7～8月龄可配种。母羊全年发情，可一年两产或两年三产，产羔率平均261%。

（4）太行黑山羊。主要分布于河南省西北部的太行山东部边缘各县，其中修武、博爱、辉县、沁阳、淇县、卫辉和林州较多。太行黑山羊体质结实，头大小适中，耳小前伸，公、母羊均有髯，绝大部分有角。角型主要有两种：一种直立扭转向上，另一种呈倒"八"字形向后，向两侧分开。颈短粗，胸深宽，背腰平直，后躯比前躯高，四肢强健，蹄质坚实。太行黑山羊尾短小上翘。初生重公羔1.9kg，母羔1.8kg，断奶重公羊13.1kg，母羊12.4kg；周岁公羊平均为22.5kg，母羊22.0kg；成年公羊平均为36.7kg，成年母羊32.8kg。产羔率平均为143.0%；周岁公羊平均为52.82%。太行黑山羊对饲养环境有较强的适应性，肉质嫩、膻味小、脂肪分布均匀，牧养、圈养均可。

**（二）肉羊的饲养管理技术**

**1. 种公羊的饲养管理**

种公羊的好坏对整个羊群的生产性能和品质高低起决定性作用。要想使种公羊常年保持良好的种用体况，即四肢健壮，体质结实，膘情适中，精力充沛，性欲旺盛和有良好的精液品质，就必须加强种公羊的科学化饲养管理。圈舍通风，干燥向阳。饲料营养价值高，有足量优质蛋白质、维生素A、维生素D和矿物质。理想的粗饲料，鲜干草类有苜蓿草、三叶草和青燕麦草等；精料有燕麦、大麦、豌豆、黑豆、玉米、高粱、豆饼、麦麸等；多汁饲料有胡萝卜、甜菜和玉米青贮等。种公羊的饲养管理可分为非配种期和配种期。

（1）非配种期。在非配种期，春、夏季节以放牧为主，每日补给混合精料500g，分3～4次饲喂；在冬季除放牧外，一般每日需补混合精料500g、干草3kg、胡萝卜0.5kg、食盐5～10g、骨粉5g。

（2）配种期。种公羊在配种前的一个半月开始饲喂配种期的标准日粮，开始时按标准喂量的60%～70%逐渐加喂，直至全部变为配种期日粮。饲喂量为：混合精料1.0～1.5kg，胡萝卜、青贮料或其他多汁饲料 1~5kg，优质青干草足量，动物性蛋白饲料鱼粉、牛奶、鸡蛋等适量，骨肉粉每只羊每天喂 50~60g。混合精料组成为：谷物饲料占50%，能量饲料以玉米为主，最好包括2~3种，如燕麦、大麦、黍米等；豆类和豆饼占40%，麸皮占10%。精料每天分两次饲喂。补饲干草时要用草架饲喂，精料和多汁料应放在料槽里饲喂。对于配种任务繁重的优秀种公羊，每天应补饲 1.5~2.0kg 的混合精料，并在日粮中增加部分动物性蛋白质饲料（如蚕蛹粉、鱼粉、血粉、肉骨粉、鸡蛋等），以保持其良好的精液品质。

配种期种公羊的饲养管理要做到认真、细致。要经常观察羊的采食、饮水、运动及粪、尿排泄情况。保持饲料、饮水的清洁卫生。为确保公羊的精液品质、提高精子的活力，除了保证供给营养外，还应加强公羊的运动，每日放牧或运动时间约 6h。种公羊要单独放牧、圈养，不与母羊混群。放牧时应防止树桩划伤阴囊。单栏圈养面积要求 1~1.2m²；适龄配种。青年公羊在 4~6 月龄性成熟，6~8 月龄体成熟，方宜配种或采精。每天配种 1~2 次为宜，旺季可日配种 3~4 次，但要注意连配 2 天后休息 1 天；保证运动量。对 1.5 岁左右的种公羊每天采精 1~2 次为宜，不要连续采精；成年公羊每天可采精 3~4 次，有时可达 5~6 次，每次采精应有 1~2h 的间隔时间。采精较频繁时，也应保证种公羊每周有 1~2 次休息时间，以免因过度消耗养分和体力而造成体况明显下降。

### 2. 母羊的饲养管理

母羊是羊群发展的基础。为保证母羊正常发情、受胎，实现多胎、多产，羔羊全活、全壮，母羊的饲养不仅要从群体营养状况来合理调整日粮，对少数体况较差的母羊，还应单独组群饲养。体况好的母羊，在空怀期，只给一般质量的青干草，保持体况，钙的摄食量应当限制，不宜采食钙含量过高的饲料，以免诱发产褥热。如以青贮玉米作为基础日粮，则 60kg 体重的母羊给以

3～4kg 青贮玉米，采食过多会造成母羊过肥。妊娠前期可在空怀的基础上增加少量精料，每只每天的精料喂量为 0.4kg；妊娠后期至泌乳期每天每只的精料喂量约为 0.6kg，精料中的蛋白质水平一般为 15%～18%。母羊的饲养在一年中依据其生理特点和生产期的不同而分为空怀期、妊娠期和哺乳期三个阶段。

（1）空怀期的饲养管理。在配种前 1～1.5 个月，应对母羊加强饲养，为妊娠期贮备足够的营养，但也不可使母羊过肥，导致受胎率下降。对空怀期母羊要给予优质的青草或青贮草。在配种前 10～15 天进行短期优饲，日补饲精料 0.2kg 及适量的胡萝卜素或维生素，力争满膘配种。使羊群膘情一致、发情整齐、产羔集中，多羔顺产，这样有利于母仔管理。

（2）妊娠期的饲养管理。母羊怀孕初一个月左右，受精卵在定植未形成胎盘之前，很容易受外界饲喂条件的影响，喂给母羊变质、发霉或有毒的饲料，容易引起胚胎早期死亡；母羊的日粮营养不全面，缺乏蛋白质、维生素和矿物质等，也可能引起受精卵中途停止发育，所以母羊怀孕初一个月左右的饲养管理是保证胎儿正常生长发育的关键时期。此时胎儿尚小，母羊所需的营养物质虽要求不高，但必须相对全面，在放牧和圈养的饲养条件下，一般来说母羊采食幼嫩牧草能达到饱腹即可满足其营养需要，但在秋后、冬季和早春，牧地草质枯萎粗老，多数养殖户以晒干草和农作物秸秆等粗料补喂母羊的放牧不足，由于母羊采食饲草中营养物质的局限性，即使母羊放牧和补喂采食能达到饱腹也不能满足其营养需要，养殖户则应根据母羊的营养状况适当地补喂精料。

母羊怀孕 2 个月后，随着怀孕月份的增加，胎儿发育逐渐加快，应逐渐增加补喂精料的饲喂量；可用黄豆 40%、玉米 30%、大麦 20%、小麦 10%，用温水浸泡 6～8h，磨成浆，再加相当于黄豆等饲料总量 10%～15% 的豆饼、5%～8% 的糠麸、1% 的食盐，每天给孕羊补喂 2～3 次，每次每只羊喂给混合精料 50～

100g，青年母羊还应适当地增加精料喂量。

母羊怀孕 3 个月后，孕羊饲喂饲草的总量要适当地加以控制，给羊补喂饲草和添加精料应做到少喂勤添，以防一次性喂量过多压迫胎儿而影响正常生长发育。

母羊怀孕 4 个月以后，胎儿体重已达到了羔羊出生时体重的 60%～70%，同时母羊还要积贮一定量的营养物质以备产后哺乳。一般在此阶段进行攻胎补料，精料的饲喂量应增加到怀孕前期的 2 倍左右，而饲喂的饲草和补喂的精料要力求新鲜、多样化，幼嫩的牧草、胡萝卜等青绿多汁饲料可多喂。禁止喂给马铃薯、酒糟和未经去毒处理的棉籽饼或菜籽饼，并禁喂霉烂变质、过冷或过热、酸性过重或掺有麦角、毒草的饲料，以免引起母羊流产、难产和发生产后疾病。

母羊产前 1 个月左右，应适当控制粗料的饲喂量，尽可能喂些质地柔软的饲料，如微贮或盐化秸秆、青绿多汁饲料，精料中增加麸皮喂量，以利通肠利便。母羊分娩前 10 天左右，应根据母羊的消化、食欲状况，减少饲料的喂量。

产前 2～3 天，母羊体质好，乳房膨大并伴有腹下水肿，应从原日粮中减少 1/3～1/2 的饲料喂量，以防母羊分娩初期乳量过多或乳汁过浓而引起母羊乳房炎、回乳和羔羊消化不良而下痢；对于比较瘦弱的母羊，如若产前一星期乳房干瘪，除减少粗料喂量外，还应适当增加麻饼、豆饼、豆浆或豆渣等富含蛋白质的催乳饲料，以及青绿多汁的轻泻性饲料，以防母羊产后缺奶。此外，怀孕母羊的饲料和饮水要保持清洁卫生。

（3）哺乳期的饲养管理。

①哺乳前期。即母羊产后 1.5～2 个月。刚产羔羊的母羊腹部空虚，体质虚弱，体力和水分消耗量大，可饮淡盐水加适量麸皮。产羔 1～3 天内如果母羊膘情好，可以少喂精料甚至不喂，只喂适量青绿饲料，以防消化不良或乳房炎。

②哺乳后期。即母羊产后 2 个月至羔羊断奶。产羔 60 天后，

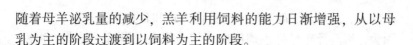

随着母羊泌乳量的减少，羔羊利用饲料的能力日渐增强，从以母乳为主的阶段过渡到以饲料为主的阶段。

**3. 羔羊的饲养管理**

（1）早吃初乳。羔羊出生后，要尽早吃到初乳，吃饱初乳。初乳是母羊分娩后 4 ~ 7 天内分泌的乳汁。初乳中含有丰富的蛋白质（17% ~ 23%）、脂肪（9% ~ 16%）、矿物质等营养物质和抗体，对增强羔羊体质、抵御疾病具有重要作用。其中镁盐还有促进胃肠蠕动，排出胎粪的功能。要保证初生羔羊在 30min 之内吃上初乳。

（2）安排好吃奶时间。在出生后 10 多天内，母子同圈，羔羊自由吃奶，几乎隔 1 ~ 2h 就需吃奶 1 次。20 天以后吃奶次数减少到每隔 4h 1 次。若白天母羊放牧，可将羔羊留在羊舍饲养，中午母羊回羊舍喂奶 1 次，加上出牧、归牧各 1 次，就等于羔羊白天吃奶 3 次。

（3）及早补饲。补饲是为了锻炼羔羊的胃肠功能，尽早建立采食行为。羔羊生后 15 ~ 20 天时，就应开始训练吃草料。羔羊喜食幼嫩的豆科干草或嫩枝叶，可在羊圈内安装羔羊补饲栏，将切碎的幼嫩干草、胡萝卜放在食槽里任其采食。20 天后开始训练吃混合精料。从 1 月龄起，除随母羊放牧外每只每天补饲精料 25 ~ 50g，食盐 1 ~ 2g，骨粉 3 ~ 5g，青干草自由采食。羔羊 50 日龄后，随着母羊泌乳逐渐减少，羔羊进入增料阶段，对蛋白质需要逐渐转入补喂的草料上，此时在日粮中应注意补加豆饼、鱼粉等优质蛋白质饲料，以利羔羊快生长、多增重。

（4）做好对奶和人工哺乳工作。羔羊在 1 月龄内要做好对奶工作，以保证双羔和弱羔都能吃到奶。缺奶羔羊和多胎羔羊，可进行人工哺乳。人工哺乳的羔羊也应吃过初乳。一般初生羔羊全天喂奶量相当于初生重的 1/5，以后每隔 1 周较前期增喂 1/4 ~ 1/3。每天哺乳的时间、次数也要固定。10 日龄内日喂 10 次，10 ~ 20 天日喂 4 ~ 5 次，20 天后日喂 3 次，直至 4 ~ 5 周龄时停喂代乳品，这时切忌改变原来的补饲方式和日粮类型，也不宜更换圈舍，因为羔羊已熟悉周围的环境。停喂 1 周后，要增加放牧，减少应激。

**4. 育成羊的饲养管理**

育成羊的饲养是否合理，对体型结构和生长发育速度等起着决定性作用。饲养不当，可造成羊体过肥、过瘦或某一阶段生长发育受阻，出现腿长、体躯短、垂腹等不良体型。为了培育好育成羊，应注意以下几点。

（1）适当的精料营养水平。育成羊阶段仍需注意精料量，有优良豆科干草时，日粮中精料的粗蛋白质含量提高到 15% 或 16%，混合精料中的能量水平占总日粮能量的 70% 左右为宜。每天喂混合精料以 0.4kg 为好，同时还需要注意矿物质如钙、磷和食盐的补给。育成公羊由于生长发育比育成母羊快，所以精料需要量多于育成母羊。

（2）合理的饲喂方法和饲养方式。饲料类型对育成羊的体型和生长发育影响很大，优良的干草、充足的运动是培育育成羊的关键。给育成羊饲喂大量而优质的干草，不仅有利于促进消化器官的充分发育，而且培育的羊体格高大，乳房发育明显，产奶多。充足的阳光照射和得到充分的运动可使其体壮胸宽，心肺发达，食欲旺盛，采食多。只要有优质饲料，可以少给或不给精料，精料过多而运动不足，容易肥胖，早熟早衰，利用年限短。

（3）适时配种。一般育成母羊在满 8～10 月龄，体重达到 40kg 或达到成年体重的 65% 以上时配种。育成母羊不如成年母羊发情明显和规律，所以，要加强发情鉴定，以免漏配。8 月龄前的公羊一般不要采精或配种，须在 12 月龄以后，体重达 60kg 以上时再参加配种。

**（三）肉羊高效育肥技术**

（1）选择杂交羔羊育肥。经济杂交是提高肉羊生产性能快速有效的方法。经济杂交常采用二元杂交和三元杂交。二元杂交就是两品种的简单杂交，利用优良品种作父本，当地羊品种作母本，杂种一代作为商品羊育肥上市；三元杂交是利用优良种羊作第一父本与当地羊杂交，杂交一代公羊全部育肥作为商品羊，杂交一代母羊与另一优良种羊父本杂交，杂交二代羊全部作为商品羊育肥上市。无论是二元杂交还是三元杂交，早期生长发育速度都比较快，特别是6月龄前育肥，饲养成本低，且生产出来的羊肉细嫩味美。

（2）及早补饲。为了使羔羊生长发育快，生长性能好，除让吃足吃好初乳和常乳外，还应尽早补饲，这样不但能使羔羊获得更完善营养物质，还可以提早锻炼胃肠的消化机能，促进胃肠系统的健康发育，增强羔羊体质，为下一步快速育肥作好准备。

羔羊生后1周，即可开始给予一些鲜嫩的青草、叶片和细软的干草等，亦可将草扎成小捆，挂在高处羔羊能够吃到的架子上，让羔羊自由采食。为了尽快能让羔羊吃料，最初可将炒过的精料盛在盆里，通过香味诱使羔羊舔食。亦可将粉精涂在羔羊嘴上，让其反复磨食，待其嗅到味香尝到甜头，就会抢着吃料了。为保证羔羊能吃上料，可在羊圈一侧设置羔羊栏，栏内设料槽，让羔羊自由出入，随时采食。精料必须磨碎，配合比例要适当，营养价值要全面。通常2周龄羔羊，每天能吃精料50~70g，3~4周龄以上能吃100~150g，断奶前能吃200g以上；1月龄大的羔羊每天能采食干草100g，2月龄400g，3月龄700g，4月龄1 000g。尤其是50日龄左右是羔羊由吃奶向吃草料过渡并重时期，由于哺乳量减少，采食量增加，更应注意日粮的全价性，蛋白质及能量营养水平要高。

（3）早期断奶。早期断奶，实际是为了控制哺乳期，缩短母羊羔期，间隔和控制繁殖周期，有利于母羊提前配种，使种羊由二年三胎提高到一年两胎，从而提高繁殖率、出栏率和产肉率。羔羊早期断奶何时为宜，目前国内外没有统一规定，国外一般在

45 ~ 50 日龄断奶，国内多采用 2 月龄早期断奶育肥。

（4）及时去势和定期驱虫。去势后的羊通称为羯羊。用于育肥的羔羊一般应在 1 ~ 3 周内去势，此时去势有利于提高肉的品质，使肉质细嫩，减少膻味，并使羊性情温顺，便于管理，节省饲料，容易育肥，还可防止杂交乱配。去势时最好选在晴暖的早晨进行。去势的方法主要有去势钳法、手术法和结扎法三种，根据具体情况任意选用。

（5）精细饲喂。变传统粗放的饲养方式为舍饲精细突击育肥的方式，充分利用农作物秸秆、干草及农副产品，粗、精饲料合理搭配，精料可占到日粮的 45% ~ 60%。精料配方为：玉米 83%、豆饼（花生饼）15%、石灰石粉 1.40%、食盐 0.5%、维生素和微量元素 0.1%，若无豆饼、花生饼可用 10% 的鱼粉代替，同时将玉米的比例调到 88%，粗饲料可采用青干草、玉米秸粉等。并建立正常的生活制度，定时给羊喂料、饮水、饮水要供应充足，水质良好，冬春季节，水温一般不能低于 20℃，并保持清洁卫生。

育肥羊总的日粮要求是精饲料占 60% ~ 70%，精料占 30% ~ 40%。为了提高育肥效果，常用复合饲料添加剂，增重速度和饲料转化率可分别提高 23.1% 和 18.7%。即每天每只羊喂 2.5 ~ 3.3g 添加剂与精饲料拌匀饲喂。还可用莫能菌素钠（又叫瘤胃素），可使日增重提高 35%，饲料转化率可提高 27%，方法是每千克日粮加 25 ~ 30mg 拌匀饲喂，最初量可少点以后逐渐加。

### （四）肉羊的繁殖技术

**1. 初情期、性成熟及初配年龄**

初情期是指羊初次出现发情和排卵的时期，且此时配种便有受精的可能性。初情期的肉羊虽有发情表现，但不完全，发情周期往往也不正常，其生殖器官仍在继续生长发育中。绵羊的初情期为 4 ~ 5 月龄，山羊的初情期为 4 ~ 6 月龄。初情期后，随年龄的增长，肉羊的生殖器官发育完全，并出现第二性征，发情周期和排卵已趋正常，具备了正常繁殖后代的能力，此时称为性成熟。一般肉羊绵、山羊公羊在 6~10 月龄，母羊在 6~8 月龄，体重达成年羊体重的 50%~60% 时性成熟。早熟品种 4~6 月龄，晚熟品种 8~10 月龄达性成熟。公羊性成熟的年龄要比母羊晚一些。

性成熟的羊并不适于立即配种利用，因为其生殖器官和机体其他器官仍处于生长发育之中，过早配种会阻碍母体正常发育，也对后代的体质和生产性能表现不利，但若配种过晚，则降低羊的利用价值和经济效益，故生产中应提倡适时配种。通常育成母羊的体重达成年母羊体重的 70% 配种比较适宜。肉用绵羊、山羊的初配年龄一般在 12 月龄左右，早熟的品种、饲养条件较好的母羊可以提前配种。因此，羔羊断奶以后，公、母羊要分开饲养，防止早配或近亲交配。

**2. 肉羊的发情周期**

羔羊生长发育到一定年龄时，母羊有一系列的性行为表现，即发情并在一定时间排卵。从这次发情开始到下次发情开始为一个发情周期，一般绵羊为 14~20 天，平均 16 天；山羊为 18~23 天，平均为 20 天。母羊从发情开始至发情结束所经过的时间称为发情持续期，一般绵羊为 24~36h，山羊为 30~48h。

**3. 发情鉴定**

以试情和外部观察相结合进行。试情是 1 只试情公羊（带好试性布）可试 40 只配种母羊，早晚各一次在羊圈内进行。发情母羊表现兴奋不安，不断鸣叫、强烈摇尾、外阴部潮红肿胀，有爬垮其他母羊行为，接受公羊爬垮等。在生产中，如果配种母羊较多，用激素处理母羊使母羊同期发情、同期配种、同期产羔、同期育成羔羊，达到集中管理提高效益的目的。可在母羊群出现 5% 的发情时，在未发情的羊头颈部注射"三合激素"（ITC）

1ml，24h 开始发情，持续到第 5 天。第二、第三天发情羊最多。

### 4. 母羊的配种

有两种方法：一是自然交配，也称本交。在配种季节，按公、母羊 1∶20 的比例，将公羊放入母羊群，混群饲养或放牧，公母羊自由交配。这种方法简单省事，受胎率较高，适于分散的小群体。其缺点是公羊消耗太大，后代血统不明，易造成近交，无法确定预产期。可在非配种季节分开饲养公母羊，每一配种季节有计划地调换公羊克服上述缺点。二是人工授精。输精员先清洗、消毒母羊阴户及所用器具，用开殖器轻轻扩张阴道，将输精管慢慢插入母羊子宫颈口内 0.5～1cm 处，保证有效精子不低于7 500万个。经保存或运输的精液，输精最好升温在 38～40℃，经显微镜检查合格时才能输精。对于人工授精，掌握好母羊的发情排卵时间十分重要。在正常情况下，母羊的发情持续期分别是30h 和 24～48h，其排卵时间是发情后的 12～40h，山羊为 30～40h，其适宜的受精时间是发情后，绵羊 8～20h，山羊 12～24h。为保证受胎率，可采用重复配种，即早晨检出的发情母羊早晨配种一次，傍晚再配种一次，下午检出的发情母羊在傍晚配种一次，到第二天早晨再配种一次，两次配种时间间隔 10～18h。复配时可用同一只公羊，也可用不同的公羊。

### 5. 妊娠

受精卵在母羊生殖道内成长发育 146～161 天，平均为 152 天产出体外。确定母羊妊娠的方法主要有三种：一是外部检查。主要观察母羊周期发情停止，食欲增加，毛色润泽光亮，性情温顺。妊娠 3 月后，腹部右侧比左侧突出，乳房胀大等。二是阴道检查。母羊怀孕 3 周后，阴道黏膜为白色，几秒钟后变为粉红色。三是孕酮含量测定。配种后 20～25 天孕羊奶中孕酮含量大于或等于 8.3ng/ml 或血浆中的孕酮大于或等于 3ng/ml 时即可认定。

#### 6. 分娩、接羔

母羊怀孕 150 天左右，乳房膨胀增大，乳头坚立，用手挤有少量黄色乳汁，阴道流出黏液由稠变稀，站立不安，时常鸣叫。这时将母羊留在垫有干草的产圈内。过 5～6h，经产母羊会顺利产出羔羊，再过 0.5～2h 胎衣会排出。初产母羊和胎儿过大的需人工辅助产羔。羔羊产出后，将羔羊的口鼻部的黏液、黏膜擦掉，让母羊将羔羊舔干。剪断脐带，挤出脐带里的血，用碘酒消毒。如出现假死，用两手分握羔羊的前后肢，慢慢活动胸部或做人工吹气。母羊产后用温盐水拌麦粒皮饲喂母羊。胎衣排出后应及时取走，防止母羊吃掉。

#### 7. 产后母羊和羔羊护理

产后 1～3 天给母羊补饲，每天每只 0.25～0.5g 饲料。其中玉米 35%、小麦粒 47%、豆饼 15%、食盐 0.5%、矿物质预混料 2.5%。随着时间的推移逐渐增加精料和多汁饲料。羔羊产出后 1h 必须让羔羊吃上母羊初乳，吃不上初乳的羔羊以人工辅助，这是确保羔羊成活的重要措施。羔羊长到 10 天后，训练其吃食，先喂给幼嫩的青草，30 日龄后每只每天补给 50～100g 精料，60天后 100～150g 精料。羔羊生下 30 天以内，对公羔羊去势。42～84 日龄断奶，分群饲养。

### （五）肉羊繁殖新技术

#### 1. 发情控制

这是有效的干预家畜繁殖过程、提高繁殖力的一种手段。包括诱发发情、同期发情等技术措施。

（1）诱发发情。是指母羊在乏情期内，人为地借助外源激素或缩短羔羊哺乳期等方法，引起母羊发情并进行配种的技术。诱发发情可通过羔羊早期断奶、生物学刺激及激素处理等途径实现。

①羔羊早期断奶法。此法实质是使母羊早日恢复性周期活动并提早发情。早期断奶时，可根据生产需要与羔羊管理水平而定。通常一年两胎母羊，羔羊可在0.5～1.0月龄断奶；三年五胎母羊，羔羊可在1.5～2.0月龄断奶；两年三胎母羊，羔羊可在2.5～3.0月龄断奶。

②生物学刺激法。包括环境条件改变和性刺激。环境条件改变主要指根据季节性发情母羊是短日照繁殖的特点，采用人工控制光照周期来引起母羊发情与排卵。具体做法是秋季用灯光延长光照时间，可使发情配种提前结束，夏季每天将羊舍遮黑一段时间来缩短光照，使母羊发情配种提高出现。性刺激是利用公羊效应，在正常配种季节到来之前，将公羊羊引入到母羊群，或公羊与母羊混群放牧，或共同舍饲，能刺激母羊提前发情。

③激素处理法。此法是通过外源激素消除母羊季节性繁殖的休情期。具体做法是用孕激素对乏情母羊处理6～9天，停药后48h，按每千克体重注射孕马血清促性腺激素15国际单位；母羊同期发情率可达95%以上。

（2）同期发情。是利用某些激素制剂人为地控制并调整一群肉羊发情周期的过程，使之在预定的时间内集中发情。处理方法如下。

①阴道海绵法。将浸有孕激素的海绵置于子宫颈外口处，处理10～14天，停药后注射孕马血清激素400～500国际单位，经30h左右即开始发情，发情的当天和次日各输精一次。常用孕激素的种类及剂量为：孕酮400～450mg，甲孕酮50～70mg，氯地孕酮80～150mg，18-甲基炔诺酮30～40mg，氟孕酮40～45mg。

②口服法。每日将一定数量的孕激素拌于饲料内，连续饲喂12～14天。药物用量约为阴道海绵法的1/10～1/5，最后一次口服药的当天肌肉注射孕马血清性腺激素400～750个国际单位。

③皮下埋植法。将一定量的孕激素装入多孔的塑料细管内或硅橡胶乳管内，用套管针或埋植器埋于牛耳背皮下，经过一定天

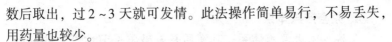

数后取出，过2~3天就可发情。此法操作简单易行，不易丢失，用药量也较少。

④前列腺激素法。将前列腺素或其类似物，在发情结束数日后向子宫内灌注或肌肉注射一定剂量，能在2~3天内引起母羊发情。

**2. 超数排卵**

此技术是在母羊发情周期的适当时间，通过注射促性腺激素的方法，使卵巢比正常情况下有更多的卵泡发育成熟，并排放出来。它对提高母羊产羔数，特别是发挥优良母羊的遗传潜力及使用效率，具有重要意义，也是实施胚胎移植新技术的基础。具体方法是在成年母羊发情到来的前4天，肌肉或皮下注射孕马血清促性腺激素600~1 100国际单位，出现发情后立即配种，并在当天肌肉或静脉注射人绒毛膜促性腺激素500~700国际单位，即达到超数排卵的目的。

**3. 诱产双胎**

利用双羔素诱产多胎。此法主要分为激素免疫中和与多激素复合作用两种处理技术。

（1）激素免疫中和法。是利用人工合成的外源性类固醇与载体蛋白偶联，注射后刺激母羊体内产生生殖激素抗体，进而引起分泌泡素及增加促黄体激素脉冲频率，致使卵巢上有较多的卵泡发育成熟。如澳大利亚产双羔素、上海生化所研制的双羔苗和兰州畜牧所的 TIT 双羔素水剂型等。具体方法是在母羊配种前35~49天和14~28天分别进行一次免疫（具体使用时间见产品说明书），每只每次颈部皮下注射1~2ml即可。

（2）多激素复合作用法。是利用人工合成的外源性类下丘脑释放激素与垂体促性腺激素配制成多种激素复合制剂，一次性注射后，利用各种激素的协同生理作用，促使卵巢上卵泡发育成熟。

### 4. 频密产羔体系

又称为密集繁殖体系，其实质是打破羊季节性繁殖的限制，使其一年四季均能发情、配种与产羔，让繁殖母羊每年提供更多的羔羊，再利用现有设备条件和集约化管理，使羊肉全年均衡上市。该体系目前有一年两产、三年五产、两年三产、三年四产和机会产羔等5种方案，其中，三年五产是较为接近实用化的新产羔方案。

三年五产体系：又称星式产羔体系，是由美国康乃尔大学的伯拉·玛吉设计的一种全年产羔方案。其原理是根据母羊妊娠期的一半73天，正好是一年的1/5，故把羊群分成3组，每年可按配种、产羔和妊娠出现次数不等、但顺序相延的5期，每期间隔7.2个月。如母羊妊娠失败，则可转入下组再配。此方案中，若母羊为每胎1羔，则每年可获1.67只羔羊；若为双羔母羊，则每年可获3.34只羔羊。

## （六）羊舍的建设

### 1. 羊场建设基本要求

羊场场址选择原则：地势高燥，背风向阳，排水良好，地势以坐北朝南或坐西北朝东南方向的斜坡地为好，切忌在洼涝地、潮湿风口等地建羊场；水源条件良好，水源充足、水质好、无污染，不能让羊饮用池塘或洼地的死水；有利于防疫，离交通要道、集市有一定距离，选择有天然屏障的地方建栏舍最好。

### 2. 羊场场址选择要求

（1）场址地势较高，南向斜坡，排水良好，土壤干燥，背风向阳。

（2）场地附近应有优良的放牧地，并要有丰富无污染的水源条件。并有电源设施，便于饲草、饲料加工。

（3）建场要求土地面积较大，要有发展前途，有条件的地区还可考虑建立饲料生产基地。

（4）建场前应对周围地区进行调查，有无传染病、寄生虫等发生，尽量选择四周无疫病发生的地点作场址。

（5）场要远离居民区、闹市区、学校、交通干线等，便于防疫隔离，以免传染病发生。选址最好有天然屏障，如高山、河流等，使外人和牲畜不易经过。

（6）选址要考虑交通运输方便，但距交通要道不应少于500m，同时尽量避开附近饲养场转场通道，便于疫病的隔离和封锁。

**3. 羊场的基本设施**

根据羊场的规模大小及生产性质，羊场的基本设施包括：羊舍、运动场、牧草地、饲料加工机房、氨化（青贮）池、兽医化验诊断室、防疫消毒池、动物无害化处理及粪便无害化处理设施、围栏设施、饲料仓库、办公场所等。

**4. 羊舍与羊床建筑要求**

（1）基本原则和要求。羊舍和羊场建筑必须掌握因地制宜和经济实用的原则。必须根据当地的社会、自然、地形、地貌和资源条件，选择通风良好、地势较高、防疫隔离条件好的地方建设羊舍。长江以南地区气候炎热、潮湿，为防寄生虫传播，宜建楼式羊舍（即"高床"）。长江以北地区寄生虫发病率较低，为降低成本，不需建"高床"。

①建筑面积。种公羊每只 $4 \sim 6m^2$；成年母羊每只 $1 \sim 1.2m^2$；青年羊每只 $0.9m^2$；公、母羔羊每只 $0.3 \sim 0.4m^2$。

在母羊舍内附设产房，增加取暖设备，必要时可以加温，使其保持一定温度。面积可根据母羊群大小而定，在冬季产羔情况下，产房占羊舍面积的 20% 左右。

运动场面积一般为羊舍面积的 $2 \sim 2.5$ 倍。

②高度。根据羊舍类型及所容纳的羊数决定，羊数愈多，羊

舍要求越高，以保证有足够的新鲜空气，但过高则保温不良，建筑费用亦高，高度一般为 2.5m 左右。修建单坡式羊舍时，后墙高度为 1.8m 左右。南方地区的羊舍防暑防潮重于防寒，所以羊舍应适当高些。

③建筑材料。羊舍的建筑材料以就地取材、经济耐用、确保效果为原则，土坯、石头、木材、竹材、芦苇、树枝等都可以作为建筑材料。有条件的地区应利用砖、石、水泥、木材等修建一些永久性羊舍，可以减少维修的劳力和费用。

④门窗及地面。羊进出舍门容易拥挤，如果舍门太窄，就可能使怀孕母羊受挤流产，因此，门应适当宽一些。一般门宽 3m，高 2m。羊数较少的羊舍，舍门高度可为 1.5m 左右。

羊舍内应有足够的光线。窗户面积约占地面面积的 1/15，窗应向阳，距地面 1.5m，防止贼风直接吹袭羊体。南方气候高温、多雨、潮湿，门窗应以大开为宜。

羊舍地面应高出舍外地面 20 ~ 30cm，铺成缓斜坡以利排水。羊舍地面以土面为宜，饲料室地面则要用水泥或木板铺成。为了防潮并防止寄生虫病的传播，宜设漏缝地板，即用厚 3.8cm、宽 6 ~ 8cm 的水泥条或木条筑成，间距 1.5 ~ 2.0cm。盛产楠竹的地方，可用竹片制作漏缝羊床。羊床距地面的高度，以 60 ~ 80cm 为宜。

为了保持羊舍干燥和空气新鲜，羊舍应有通气装置，例如在屋顶上设通气孔，或在后墙上开窗户，或装排风扇。

(2) 羊舍的类型。根据条件，可建设标准化的羊舍（单列式或双列式），也可建开放式、半开放式或棚舍，既节省成本，又有利于通风和防暑降温。

①标准化羊舍。羊舍四面有墙，为长方形。单列式东西朝向，运动场设在南面，双列式南北朝向，运动场设在东、西两面。此类羊舍适用于规模化生产。

②开放式与半开放式羊舍。开放式羊舍三面有墙，一面无

墙；半开放式三面有墙，另一面有墙。开放式与半开放式羊舍通风采光好，但保温性能较差，遇严寒时，可用帆布或草帘遮挡，这种类型羊舍适合于温暖的地区，是我国采用较为普遍的类型。

③楼式羊舍。山区木条和竹片等资源丰富，可因地制宜修建楼式羊舍。即以木条或竹片做间隙 3.0 ~ 5.0cm 的墙，屋顶用稻草、柴草或石棉瓦覆盖；羊床同样用木条竹片做成，木条竹片宽度为 3cm 左右，间隙为 1.5cm 左右，羊床距地面高度 1 ~ 1.5m，运动场设在地面。在地势不平的山区或草山草坡地，可根据地形情况修建羊舍（图 5 - 2、图 5 - 3）。修建这样的羊舍不仅可节省平整土地的费用，而且具有通风好，防热、防湿性能好的优点。

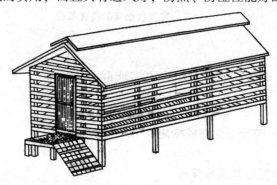

图 5 - 2　在平坦地面修建的楼式羊舍

（3）主要的配套设施。

①干草房。用于贮藏干草作越冬饲料，其空间大小可根据每只羊 200kg 青干草来推算。

②青贮和氨化设备。根据饲养规模来建立青贮窖和氨化池。要做到不漏水、不跑气。

③药浴池。即用药物洗澡的水池。用于防虫治虫和便于肉羊的正常生长和发育。

④饲槽和饲料架。饲槽用于补充精料和饲喂颗粒饲料，饲料架则用于晾干青绿饲料。

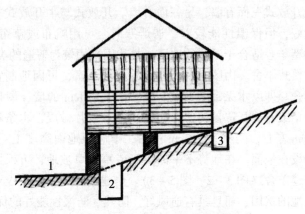

**图 5 – 3　在斜坡修建的楼式羊舍**
1. 道路　2. 粪沟　3. 排水暗沟

# 二、肉羊的疫病防治技术

## （一）羊场卫生防疫措施

### 1. 加强日常饲养管理

要保证营养平衡，防止营养物质的缺乏，对于妊娠后期母羊和羔羊更应该注意，要严格按照饲养管理标准进行。防止采食霉变饲草、毒草和喷过农药的饲草，不能饮用死水和污水，以减少寄生虫和病原微生物的侵袭。羊舍内要通风良好，光线充足，温度适宜。羊舍、用具和运动场要定期清扫彻底消毒，特别是用于易地育肥的羊舍，出栏后一定要消毒。

### 2. 定期驱虫

在养羊业中，寄生虫的危害很大。每年应根据当地寄生虫的流行情况，定期驱杀羊只的内、外寄生虫，一般采用一年春秋两次药物驱虫。在春季选用广谱驱虫药驱虫一次，根据实际情况可

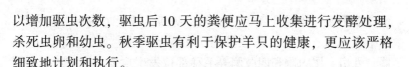

以增加驱虫次数，驱虫后 10 天的粪便应马上收集进行发酵处理，杀死虫卵和幼虫。秋季驱虫有利于保护羊只的健康，更应该严格细致地计划和执行。

**3. 及时预防接种**

预防接种是防止传染病发生和流行，扑灭传染病的重要方法之一。要根据本地历年发生传染病的情况和目前疫病流行情况，制定切实可靠的免疫程序，按计划进行预防接种，使羊只免患传染病。

药物预防是定时定量的在饲料或饮水中加入药物，是对某一些没有疫苗的疾病进行预防性的措施。常用的药物有磺胺类药，预防量 0.1% ~0.2%，治疗量 0.2% ~0.5%；一般连用 5 ~7 天，有时也可酌情延长。每年在春季羊剪毛后 10 天左右要进行药浴。药浴液可用 0.025% ~0.03% 的林丹乳油水乳液。

**4. 加强检疫工作**

检疫是"预防为主"方针中不可缺少的重要一环。通过检疫，可以及时发现疫病，及时采取防治措施，做到就地控制和扑灭。检疫是定期对羊群进行健康检查和抽检化验，及时发现病羊，为防止病羊把疾病传染给健康羊，要立即隔离，单独关养，进行治疗。坚持自繁自养原则，确需引进种羊时，必须从非疫区购入，并经当地动物防疫监督部门检疫合格，进场后经本场兽医验证和检疫、隔离观察一个月以上，健康者经驱虫、消毒、补苗后，方可混群饲养。

**（二）肉羊常见病的诊断与治疗**

**1. 羊痘**

羊痘是一种由痘病毒引起的急性、热性、接触性传染病。其特征是在皮肤与某些部位的黏膜发生丘疹和水泡。痘病最常发生于绵羊、山羊。本病发生后，羔羊最易感染，病情严重。病羊表现食欲不振，体温升高 41 ~ 42℃，脉搏、呼吸加快，眼睑肿胀、眼结膜充血、流泪，脓性鼻漏，在眼的周围，唇、鼻、外生殖器、乳房、尾内侧和四肢侧等毛稀部位发生痘疹，痘疹最初是圆形的红色点，经 1 ~ 2 天发展为豌豆大，硬固的凸出于皮肤表面的红色结节，称为丘疹，丘疹很快增大，以后表面变为灰白色的水泡，经 2 ~ 3 天成为周围皮肤红肿的脓泡。脓泡干涸结痂脱落后，形成灰褐色的瘢痕，如果发生感染，恶性经过成脓毒败血症死亡。特别是羔羊，可继发肺炎、胃肠炎和病毒败血症而死亡，耐过本病的羊，终生不再得此病。

本病是由病毒引起，以防疫为主。主要是加强饲养管理，增强羊的抵抗力，不从疫区买羊和畜产品，预防注射羊痘弱毒疫苗，免疫期为一年至一年半。为防止继发感染，可对症治疗：黏膜病灶用 0.1% 高锰酸钾溶液冲洗后涂上碘甘油，皮肤病灶可涂碘酒，也可涂四环素、红霉素软膏。

### 2. 传染性胸膜炎

俗称"烂肺病"，是由山羊支原体引起的山羊特有的接触性传染病，以高热、咳嗽、纤维蛋白渗出性肺炎和胸膜炎为特征。本病接触传染性很强，主要通过呼吸道传染，常以冬季和早春枯草季节发病最多，营养缺乏、长途运输、环境骤变等因素也可诱发，临床上主要表现为病初体温升高、呼吸困难、咳嗽，并流出浆液性带血鼻液，痛苦呻吟，眼睑肿胀，流泪或有脓性眼屎，慢性多发生于夏季等。剖解胸腔常有黄色液体，胸膜变厚而粗糙，心包与胸膜发生粘连，肺肝变凸出于肺表，颜色由红至灰不等，切面呈大理石样，急性病例肝、脾肿大、肾肿大等。

平时加强饲养管理，做到冬暖夏凉，增强羊只体质。发病后要迅速隔离病羊，对被污染的圈舍、场地、用具进行彻底消毒，对病羊的粪便、垫草和病死羊严格无害化处理。病初可用"914"、土霉素等药物治疗，有一定的疗效，病中、后期治疗效果不明显。

**3. 羔羊痢疾**

本病主要是 B 型产气荚膜杆菌引发，往往伴有大肠杆菌或沙门氏杆菌参与而致羔羊的急性肠道传染病，其特征是剧烈腹泻和小肠溃疡，个别病羔表现神经症状，死亡率很高。初生羔羊发生腹泻拉稀，开始如稠粥样，继而成水泻，色呈灰白、黄白或黄绿，有恶臭。病羔羊精神委顿，时常弓背作腹胀痛状，不吃奶，眼球下陷。可在 24h 内致羔羊死亡。

治疗方法：

西药治疗：一是注射青霉素和链霉素，每天各 20 万单位，连续 3 天；二是喂土霉素，每天 1 次，每次 0.2g/只，加等量的胃蛋白酶，连喂 3 天；三是肠胃消炎片，每 4h 一次，连喂 2 天。消炎片和土霉素可同时喂。

中药治疗：党参 10g、白术 6g、黄芪 10g、升麻 6g、柴胡 6g、枳壳 6g、厚朴 6g、淮山药 6g、乌梅 6g、五味子 4g、肉叩（去壳）4g、泡姜 6g、茯苓 6g、甘草 3g。

土法治疗：一是切几片黄连，用开水泡 1 天，黄连水喂羔羊，每日 3 次，每次 5~10ml，连喂 2~3 天即可。二是用大蒜汁半匙喂羔羊，一天 3 次，连喂 2~3 天。

**4. 羔羊肺炎**

羔羊常见的肺炎多为支气管肺炎，是无传染性的一种常见羊内科疾病，一般发生在 60 天以内的初生羔羊，在春秋气候多变的季节最常发病，引起本病的原因是多方面的，多因寒冷刺激，受寒感冒，刺激性气体如煤烟、尘土，以及羔羊营养不良，维生素缺乏，断奶过早，继发细菌感染而引起本病。病羔羊精神沉郁，吃奶减少，喜伏卧，体温升高达 42℃，咳嗽，鼻孔流出浆液或黏液性鼻液，呼吸迫促，心悸亢进，结膜发紫，耳鼻四肢发凉。羔羊有时出现体温下降（36~36.5℃），呼吸微弱，心跳无力，低头闭眼，四肢发凉，多数不显肺炎症状而很快死亡。

治疗方法：一是青霉素 20 万～40 万单位，链霉素 20 万～40 万单位，每天 2 次肌注；二是用 10%磺胺噻唑钠或磺胺嘧啶钠液 5～10ml，每天 2～3 次，静脉注射；同时用庆大霉素 2 万单位，肌肉注射，每天 3 次。

### 5. 羔羊消化不良

多因羔羊产后体质过弱，或由于母羊饲养不良，母乳过分浓稠，蛋白质含量过多，或由于幼羊管理不善，饮水不洁，舔食了污物，引起了消化机能紊乱和细菌感染所致。病羊腹泻，食欲减退，体温正常，粪便呈灰白色粥样，并带有白色乳状小块，也有的呈黄色、褐色或绿色粥样；严重的剧烈腹泻，粪便呈水样灰色，带有黏液和血液，恶臭。病羔心跳疾速，呼吸加快，结膜发绀，四肢末端发凉，眼窝下陷，体温下降（36～37℃），可在 1～2 日内致羊死亡。

治疗方法：

西药：一是糖胃蛋白酶 8g、乳酶生 8g、葡萄糖粉 30g，混合制成舔剂，每天分三次内服；二是磺胺咪或长效磺胺，按每千克体重 0.1～0.3g，磺胺咪每天分 2～3 次口服，长效磺胺每日一次口服。

中药：方一：山楂 10g、神曲 10g、麦芽 10g、鸡内金 5g，这四味炒黄研粉，加呋喃西林 0.1～0.2g，葡萄糖粉 30g，混合成舔剂，每天 3 次内服。方二：乌梅 6g、诃子 9g、黄连 5g、姜黄 6g、干柿 9g、白头翁 15g，煎汁灌服，每天 3 次，每次 3～5ml。

### 6. 中暑

由于暑天放牧，烈日暴晒，或因湿热环境下，体热不能散放而蓄积体内，造成体内产热和散热平衡失调，导致中枢神经和心血管系统以及呼吸系统机能障碍所致。本病一般发生在夏季，长途运输或驱赶羊过快也易发病。病羊突然发病，精神极度沉郁，平衡失调，步态不稳，重者卧地不起，肌肉战抖，全身出汗，皮肤灼热，呼吸急促。先是短期兴奋，随后高度抑制，呈昏迷状态，瞳孔放大，体温高过42℃，可很快导致死亡。

治疗方法：方法一：发现羊出现上述症状时，应立即将羊放到阴凉通风处，头部及心区用冷水敷，或用冷水浇灌。同时配合用冷水或冷盐水反复灌服2~3次即可。方法二：口服霍香正气水（液）2~3支/只，并将病羊放于阴凉处，等羊恢复精神后方可放牧。方法三：重者可立即静脉放血100~300ml，放血后马上补5%的葡萄糖生理盐水500~1 000ml，静脉滴注。

### 7. 感冒

感冒是由于风寒因素引起的一种非传染性上呼吸道炎症。一年四季均可发生，但以早春、冬季和晚秋为多发，羊发此病上呼吸道黏膜发炎，故出现流涕咳嗽。病羊精神不振，流鼻涕，常伴有咳嗽，食欲减少，反刍停止或减少，粪便干燥，耳尖、鼻端和四肢发凉，呼吸、脉搏增快，全身颤抖。

治疗方法：一是肌肉注射复方安基比林5~10ml，每天1~2次。二是肌肉注射安痛定或安乃近5~10ml，每天1~2次。三是重病者，可用青霉素40万~80万单位或链霉素50万~100万单位，肌肉注射，每天1~2次。四是用中药治疗。风热（夏季）感冒用以下药方：桑叶10g、菊花10g、银花6g、连翘10g、杏仁10g、桔梗10g、甘草6g、薄荷10g、牛蒡子10g、生姜15g，熬汁灌服，每天3次；风寒（冬春）感冒可用下药：杏仁10g、桔梗15g、紫苏15g、半夏10g、陈皮12g、前胡12g、甘草8g、枳壳10g、茯苓15g、生姜15g、葱白做引子，煎汁灌服，每天3次。

### 8. 乳房炎

乳房受机械的、化学的、物理的和生物的作用而致使乳腺发炎。主要是母羊产后由于羔羊死亡，母羊有乳无羔哺；或因圈舍不干净，乳房长期拖地而造成母羊乳房感染了链球菌或葡萄球菌所致。病羊乳房肿大，皮肤发红，逐渐产生硬块，母羊由精神烦躁转为精神不振，严重的乳中带血、脓，体温升高到41.5℃。

预防方法：母羊产羔后如果羔羊死亡，应实行人工挤乳，每天2~3次，4~5天后逐渐减少次数，使其慢慢停奶。如羔羊虽未死亡，但产乳较多，乳房出现红肿时，要适当减少精料，加强母羊运动，以减少乳的分泌量。

治疗：一是把奶挤尽，乳房、乳头消毒后，从奶头乳道注入青霉素20万单位，每天2次，连续2天。二是如果母羊发烧（41.5℃以上），肌肉注射青霉素40万~80万单位和链霉素50万~100万单位，每天2次，连续2天。

### 9. 胃肠炎

胃肠炎中兽医称肠黄，是胃肠黏膜及其深层组织的重度炎症所致。多因饲料粗硬、发霉、变质而引起。病羊持续腹泻，拉稀粪，有恶臭或腥臭，并混有血液和坏死组织黏膜碎片，或有未消化的饲料。病羊精神沉郁，肛门松弛，排粪失禁，尾根及后肢糊有稀粪。

治疗方法：一是口服胃肠消炎片0.6g，每隔6~8h一次；严重的还可口服金霉素1g/只，加等量的胃蛋白酶，一日2次。二是肌肉注射5%的磺胺噻唑钠，每天2次，每次5~10ml/只。三是肌肉注射5%的黄连素，每天2次，每次10ml/只。四是用黄连10g、黄柏10g、茯苓10g、砂仁10g、泽泻10g、枳壳10g、白芷10g、猪苓10g、郁金10g、甘草5g，煎水灌服，一天3次，每次20~30ml。

### 10. 瘤胃臌气

瘤胃臌气中兽医称为气胀或肚胀，是饲料停滞瘤胃，异常发酵产气，一时又排不出去，超过正常容积，引起患畜嗳气受阻、腹部胀痛的一种疾病。主要是由于多吃了易于发酵产气的饲料如鲜苕子、苜蓿、豆秆、带露水的嫩草或青饲料，在短时间内形成大量气体或泡沫而致病。病羊大多数是在采食后或食后不久突然发病，主要特征是腹围迅速臌大，病部凸出尤其以左侧腹最显著，病羊疼痛不安，回顾病部或用后脚踢腹。反刍、嗳气完全停止。呼吸困难，脉搏增快，眼结膜发紫，体温正常。病势凶猛，张口流涎，伸舌吼叫，眼球突出，全身出汗。病期短，常因窒息或心脏麻痹死亡。

治疗方法：一是在野外放牧羊群时，发现羊肚胀晕倒在地时，如倒左边则用右手托住羊只，如倒右边则左手托住羊只，给羊口中横衔一木棍，另一只手轻揉腹部臌胀之处，气消后无事。二是农户养羊在家发生瘤胃臌气，可用醋20ml、白酒15ml，加水150ml，一次灌服即可。三是用福尔马林（甲醛）3ml，加水100~150ml，一次口服。四是用来菔子、毕橙茄、枳壳、厚朴、木香、大黄、芒硝、滑石各10g，研成细末，加菜油150g，一次灌服。

### 11. 羊口疮

羊口疮多发生在春秋季节，分缺乏维生素性口疮和传染性口疮两种，缺乏维生素性口疮主要是因下雨天未按时出牧或长期饲喂粗干饲料，青绿饲料补充不足所致，重点是缺乏维生素 $B_2$；传染性口疮是由口疮病毒感染所致。病羊口部出现多处疮，外观发肿，严重影响羊只采食。

治疗方法：一是补充维生素 $B_2$，每羊每日 2~5mg（1片），连用几天，同时按时出牧，多补充青绿多汁料；二是先用0.1%~0.3%高锰酸钾液洗疮，去掉痂皮，再用龙胆紫（又叫紫药水）涂擦患部，每日 1~2 次；三是用碘甘油（碘酒：甘油9：1，现用现配），涂擦患部，每日 1~2 次。

### 12. 寄生虫病

寄生虫一般与环境都有关系，外寄生虫疥癣有痒螨、疥螨之分，还有蜱，它们除寄生于羊体外还能在地下生存，所以要做到环境干净，对羊粪便要堆积发酵杀虫处理。内寄生虫的肝片吸虫的中间宿主是椎实螺，肺丝虫、毛园线虫、莫尼茨绦虫的中间宿主是潮湿的水草，脑包虫的中间宿主是家犬，是家犬的多头绦虫的虫卵在羊的大脑中变成包囊蚴所致。羊如患外寄生虫，症状为脱毛、结痂、奇痒，重者皮肤发炎，羊患此病逐渐消瘦，生长停止。内寄生虫主要有肺丝虫、肝片吸虫、毛园线虫、莫尼茨绦虫、脑包虫等。它们有的寄生在羊的肺、肝、胃肠，有的寄生于大脑、肌肉等处，吸食羊的营养、破坏羊的正常生活，造成羊只生产力下降，有的甚至因营养枯竭而死。

治疗方法：一是定期驱虫，一般每月 1 次驱体内寄生虫，可用阿维菌素针剂皮下注射，每千克体重 0.2mg。二是可用伊维菌素、左旋咪唑或苯硫本咪唑按说明书剂量服用。防治脑包虫重点是给家犬驱虫，可用氯硝柳胺和吡喹酮，均安全有效。用氯硝柳胺，按每千克体重 100～125mg 空腹内服。用吡喹酮 5～10mg/kg 内服。

# 模块六　家禽与禽病防治技术

## 一、家禽的主要品种

### （一）鸡的主要品种

### 1. 现代蛋鸡品种

现代蛋鸡品种按所产蛋壳的颜色主要分为白壳蛋鸡、褐壳蛋鸡和粉壳蛋鸡，另外还有少量的绿壳蛋鸡等。主要特点是：白壳蛋鸡体型小，耗料少，开产早，产蛋量高，蛋重略小，抗应激性较差。褐壳蛋鸡体型适中，性情温顺，蛋重较大，蛋壳厚，抗应激性较强。粉壳蛋鸡产蛋量高，饲料转化率高。商品代鸡的生产性能见表6－1和表6－2。绿壳蛋鸡体型小，产蛋量较高，蛋壳颜色为绿色，蛋品质优良。如上海新杨绿壳蛋鸡、江西东乡绿壳蛋鸡等。

表6－1　部分白壳商品代蛋鸡的主要生产性能

| 鸡种 | 50%开产周龄 | 72周龄入舍鸡产蛋（枚） | 产蛋总重（kg） | 平均蛋重（g） | 料蛋比 | 育成期成活率（%） | 产蛋期存活率（%） |
|---|---|---|---|---|---|---|---|
| 京白988 | 23 | 310 | 18.66 | 63 | 2.0∶1 | 96～98 | 94.5 |
| 海兰W-36 | 24 | 285～310 | 18～20 | 63 | 2.2∶1 | 97～98 | 96 |
| 尼克白 | 22～24 | 260 | 19.8 | 60.1 | 2.25∶1 | 95～98 | 92.5 |
| 巴布考克B-300 | 21～22 | 285 | 17.2 | 64.6 | (2.3～2.5)∶1 | 98 | 94.5 |
| 星杂288 | 23～24 | 260～285 | 16.4～17.9 | 63 | 2.3∶1 | 98 | 92 |
| 迪卡白 | 21 | 295～305 | 18.5 | 61.7 | 2.17∶1 | 96 | 92 |
| 罗曼白 | 22～23 | 290～300 | 18～19 | 62～63 | 2.35∶1 | 96～98 | 95 |
| 伊利莎白 | 21～22 | 80周 322～334 | 19.8～20.5 | 61.5 | (2.15～2.3)∶1 | 95～98 | 95 |

表 6-2　部分褐壳、粉壳商品代蛋鸡的主要生产性能

| 鸡种 | 50%开产周龄 | 72 周龄入舍鸡产蛋（枚） | 产蛋总重（kg） | 平均蛋重（g） | 料蛋比 | 育成期成活率（%） | 产蛋期存活率（%） |
|---|---|---|---|---|---|---|---|
| 海兰褐 | 22~23 | 317 | 20.2 | 63.7 | 2.11:1 | 96~98 | 94 |
| 海兰褐佳 | 21~22 | 295 | 19.2~20.65 | 65~70 | 2.05:1 | 96~98 | 94 |
| 宝万斯褐 | 0~21 | 321 | 20.07 | 62.5 | 2.24:1 | 98 | 94.7 |
| 罗曼褐 | 23~24 | 295~305 | 18.2~20.5 | 63.5~64.5 | 2.10:1 | 96~98 | 95 |
| 海赛克斯褐 | 23~24 | 290 | 18.3 | 63.2 | 2.39:1 | 97 | 95.5 |
| 依莎褐 | 24 | 285 | 18.2 | 63.5~64.5 | (2.4~2.5):1 | 98 | 93 |
| 迪卡褐 | 22~23 | 305 | 19.8 | 65 | (2.07~2.28):1 | | 95 |
| 星杂 444 粉 | 22~23 | 265~280 | 17.66~17.8 | 61~63 | (2.45~2.7):1 | 92 | 93 |
| 农昌 2 号粉 | 23~24 | 255 | 15.25 | 59.8 | 2.7:1 | 90.2 | 93 |

**2. 现代肉鸡品种**

（1）爱拔益加（简称 AA）。是美国爱拔益加公司培育的四系配套肉鸡。其特点为生长快、耗料少、耐粗饲、适应性和抗病力强。商品鸡羽毛整齐，均匀度好，49 日龄体重 2.94kg，饲料转化率 1.9:1，成活率 95.8% 以上。

（2）艾维茵。是美国艾维茵国际家禽有限公司培育的白羽鸡，商品代 49 日龄体重 2.615kg，耗料 4.94kg，饲料转化率 1.89:1，成活率 97% 以上。

（3）宝星。是加拿大雪佛公司育成的四系配套肉鸡。8 周龄平均体重为 2.17kg；饲料转化率 2.04:1。在我国适应性较强，在低营养水平及一般条件下饲养，生产性能较好。

（4）红布罗。又名红宝肉鸡，是加拿大雪佛公司培育的红羽快大型肉鸡。一般 50 日龄和 62 日龄体重分别为 1.73kg 和 2.2kg，饲料转化率分别为 1.94:1 和 2.25:1。外貌具有羽红、胫黄、

皮肤黄等特征，肉味比白羽型的鸡好，所以颇受我国南方消费者欢迎。

（5）安卡红。是以色列联合家禽育种公司（P. B. U）培育的有色羽（红黄色）杂交肉鸡，其生长速度接近白羽肉鸡，特别是抗热应激、抗病能力较强。49 日龄体重 1.93kg，饲料转化率 2∶1。

（6）罗斯 308。是美国安伟捷公司培育的肉鸡新品种，具有生长快、抗病能力强、饲料报酬高、产肉量高的特点。公母混养，49 日龄平均体重为 3.05kg，饲料转化率 1.85∶1。

**3. 优良地方鸡种**

我国部分优良地方品种鸡及其外貌特征、生产性能见表 6－3。

表 6－3　我国部分优良地方品种鸡生产性能一览表

| 品种 | 类型 | 原产地 | 外貌特征 | 生产性能 |
|---|---|---|---|---|
| 北京油鸡 | 兼用 | 北京 | 体型中等，羽毛丰满蓬松，尾羽高翘。红色单冠和冠羽，有的个体有胡须。喙和胫为黄色。具有冠羽、胫羽、趾羽和胡须 | 成年体重公鸡 2.0～2.5kg，母鸡 1.5～2.5kg。210 日龄开产，年产蛋 110～125 枚，平均蛋重 56～60g。蛋壳颜色以褐色为主，也有少量淡紫色 |
| 惠阳鸡 | 肉用 | 广东 | 体型中等，体质结实，胸深背宽，胸肌发达，体形似葫芦瓜。单冠。喙、胫和皮肤金黄色 | 成年体重公鸡 2.2kg，母鸡体重 1.6kg，150～180 日龄开产，年产蛋 60～108 枚，平均蛋重 47g，蛋壳褐色 |
| 仙居鸡 | 蛋用 | 浙江 | 体型轻巧紧凑，羽毛紧贴体躯，黄色居多，背部平直。喙、胫、皮肤黄色 | 成年体重公鸡 1.44kg，母鸡 1.25kg，开产日龄 150 天左右，年产蛋量 180～220 枚，平均蛋重 42g，蛋壳褐色 |
| 寿光鸡 | 兼用 | 山东 | 体躯高大，体长，胸深丰满，胫高而粗，体躯近似方形，以黑羽（闪绿光）、黑腿、黑嘴"三黑"著称，皮肤白色 | 成年体重公鸡 2.9～3.6kg，母鸡 2.3～3.3kg，开产日龄 5～9 个月，年产蛋量 120～150 枚，平均蛋重 65g，蛋壳深褐色 |

（续表）

| 品种 | 类型 | 原产地 | 外貌特征 | 生产性能 |
|---|---|---|---|---|
| 庄河鸡 | 兼用 | 辽宁 | 体高颈长，胸深背长，羽色多为麻黄色，尾羽黑色，喙、胫黄色 | 成年体重公鸡3.2kg，母鸡2.3kg，开产日龄210天左右，年产蛋量160枚，平均蛋重约62g，蛋壳褐色 |
| 固始鸡 | 兼用 | 河南 | 体躯中等，体型紧凑，头部清秀、匀称，喙短青黄色，眼大略外突，单冠为多，脸冠肉垂耳叶均红色。羽毛丰满，公鸡呈深红、黄色，母鸡以黄、麻黄为主，佛手尾或直尾，胫胫青色，皮肤白色 | 成年体重公鸡2.5kg，母鸡1.8kg，开产日龄205天，年产蛋量141枚，蛋形偏圆，蛋壳质量好，平均蛋重52g，蛋壳褐色 |
| 萧山鸡 | 兼用 | 浙江 | 体躯偏大近似方形，头部中等，单冠、耳叶、肉垂均红色，公鸡体格健壮，昂头翘尾，羽毛紧密，红、黄色，母鸡体格较小，羽毛黄色或麻黄色，喙胫黄色 | 成年体重公鸡2.76kg，母鸡1.94kg，开产日龄170d左右，年产蛋120枚，蛋黄颜色深，蛋品质好，平均蛋重56g，蛋壳褐色 |
| 狼山鸡 | 兼用 | 江苏 | 狼山鸡体格健壮，头昂尾翘，具有典型的"U"字形特征，面部、耳叶及肉垂均呈鲜红色，虹彩以黄色为主，皮肤为白色，缘黑褐色，胫黑色。全身羽毛以黑色最多，黄羽次之，白羽最少 | 成年体重公鸡2.84kg，母鸡2.28kg。开产日龄208天，年产蛋160~170枚，蛋重59g，蛋壳呈褐色 |

## （二）鸭的主要品种

### 1. 北京鸭

原产于北京，是世界上最著名的肉用鸭种，现已遍布全球。体躯结实匀称，胸深而突出，背宽而长，腹部丰满，全身羽毛洁白，喙、蹼均为橘黄色。成年公鸭体重3.25~4kg，母鸭3~3.5kg。初产日龄150~160天，蛋重90~100g，鸭适应性强，性情温顺，生长发育快，体大而重，易育肥，肉质好。

### 2. 绍兴鸭

原产于浙江，是我国著名的蛋用品种，属小型麻鸭，体躯狭长，臀部丰满，腹略下垂，全身羽毛以褐色麻雀毛为基色，经选育后年产蛋量 280～300 枚，高产者可达 300 枚以上，平均蛋重 66g 左右，壳色白色和青色。成年公鸭体重 1.30～1.45kg，母鸭 1.25～1.45kg。

### 3. 金定鸭

原产于福建省，是我国优良的蛋用鸭，体型小，体躯狭长，母鸭全身羽毛赤褐色，带麻雀斑，翼部有墨绿色镜羽喙古铜色，胫蹼橘红色，爪黑色，公鸭的喙黄绿色、胫蹼呈橘红色，头颈羽毛墨绿色，前胸红褐色，背部灰褐色，腹部羽毛呈细芦花斑纹，年产蛋量 260～300 枚，蛋重平均 73.3g，蛋壳青色，母鸭 120 日龄左右开产，公母配比 1∶25，受精率达 90%，成年公鸭体重 1.76kg，母鸭 1.73kg。

### 4. 高邮鸭

原产于江苏高邮等地，属肉蛋兼用鸭种的大型麻鸭。头大颈粗，体型长方型，母鸭全身羽毛褐色，有雀斑（有深麻、浅麻两种），喙青铜色，胫蹼红色，黑爪，公鸭羽毛颜色深，头颈部墨绿色，背腰部褐色芦花羽，臀部黑色，腹部灰白色，喙青绿色，虹彩深褐色，胫蹼橘红色。觅食能力强，以常产双黄蛋著称。生长较快，雏鸭 60 日龄体重 2.0kg，易育肥而肉质好，成年公鸭体重 3～3.5kg，母鸭 2.5～3.0kg。180 天开产，产蛋 160 枚，平均蛋重 70～80g。

### 5. 建昌鸭

主产于四川省，属肉蛋兼用型，以生产肥肝而闻名，故又称大肝鸭，体躯宽阔，头大颈粗，公鸭头、颈上羽毛墨绿色，具光泽，颈中部有一白色颈圈，前胸及鞍羽红褐色，腹部羽毛银灰色，尾羽黑色，喙墨绿色，胫蹼橙红色，母鸭羽毛以浅褐色麻雀羽居多，喙黄绿色，胫蹼橙红色，成年公鸭体重 2～2.5kg，母鸭 2kg，肥肝重 350～450g（填肥 3 周），年产蛋量 120～140 枚，平均蛋重 72g，蛋壳多为青色。

**6. 番鸭**

原产于南美洲，又名"洋鸭""瘤头鸭""麝香鸭"，现在我国各地均有分布。番鸭的头大，颈短而上半部羽毛短疏，由眼至喙的周围无羽毛，头部长有不规则的红色或黑色肉瘤，眼鲜红色，短而呈红色或橙色或黑色，体羽有纯黑、纯白或黑的杂毛。番鸭善飞翔而不善游泳，生活力特强，少病耐粗饲，肌肉丰满，结实，屠宰率高，肉质香鲜，成年公鸭体重 4.5kg，母鸭 2.7 ~ 3.2kg，年产蛋 100 枚，蛋重 65 ~ 70g。

上述几种鸭的品种如图 6 - 1 所示。

北京鸭　　　　　　　绍兴鸭

金定鸭　　　　　　　高邮鸭

建昌鸭　　　　　　　番鸭

图 6 - 1　鸭的品种

### (三) 鹅的主要品种

**1. 狮头鹅**

原产于广东，是世界著名的大型鹅种之一。成年公鹅和 2 岁以上母鹅的头部肉瘤特征明显，颔下咽袋发达，一直延伸到颈部，形成"狮形头"，故而得名。成年公鹅体重 10～20kg，母鹅 9～10kg，狮头鹅的肥肝性能较好，肥肝平均重 540g，最大肥肝重 1400g。

**2. 郎德鹅**

原产于法国，是世界著名的肥肝专用品种。体型中等，成年公鹅 7～8kg，母鹅 6～7kg。仔鹅 8 周龄活重可达 4.5kg 左右。肉用仔鹅经填肥后，活重达到 10～11kg，肥肝重量达 700～800g。郎德鹅对人工拔毛耐受性强，羽绒产量在每年拔毛 2 次的情况下，可达 350～400g。年平均产蛋 35～40 枚，平均蛋重 180～200g。

**3. 莱茵鹅**

原产于德国莱茵州，是优良的肉毛兼用鹅种，莱茵鹅体型中等，成年公鹅 5～6kg，母鹅 4.5～5kg，仔鹅 8 周龄活重可达 4.0～4.5kg，年产蛋量 50～60 枚，蛋重 150～190g。

**4. 皖西白鹅**

原产于安徽西部县市，具有生长快，觅食力强，耐粗饲和肉质好等特点。体型中等，成年公鹅体重 5.5～6.6kg，母鹅 5～6kg。母鹅就巢性较强，年产蛋量 25 枚左右，平均蛋重 142g。

**5. 豁鹅**

又称豁眼鹅，因为眼睑均有明显豁口而得名，主要分布于辽宁昌图等地。该鹅产蛋量高，耐寒性强，产羽绒较多，含绒率高，90 日龄体重 3.0～4.0kg，全年产蛋量可达 120～130 枚。

上述几种鹅的品种如图6-2所示。

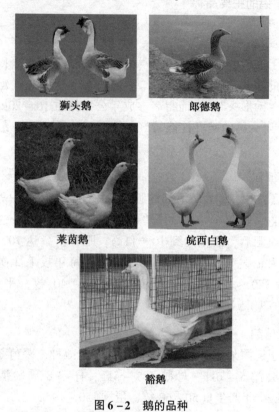

狮头鹅     郎德鹅

莱茵鹅     皖西白鹅

豁鹅

图6-2 鹅的品种

# 二、家禽的孵化技术

## （一）选择、消毒和保存种蛋

### 1. 选择种蛋

（1）根据外观选择种蛋。对种蛋的一些外观指标，通过看、摸、听、嗅等感觉来鉴定种蛋的优劣，它能判断出种蛋的大致情

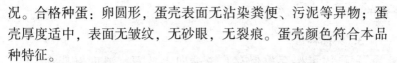

况。合格种蛋：卵圆形，蛋壳表面无沾染粪便、污泥等异物；蛋壳厚度适中，表面无皱纹，无砂眼，无裂痕。蛋壳颜色符合本品种特征。

（2）通过透视挑选种蛋。用照蛋器对种蛋的蛋壳结构、气室大小、位置、蛋黄、蛋白、系带完整程度、血斑或肉斑，蛋黄膜是否破裂、裂纹蛋等情况，作透视观察，做综合鉴定。合格的种蛋气室小，蛋黄位于蛋的中心，呈圆形，为暗红或暗黄色，蛋黄膜完整，蛋黄与蛋白之间分界明显，蛋内无斑点或异样阴影，蛋壳无裂纹。

### 2. 消毒种蛋

（1）气体熏蒸消毒法。将蛋的钝端朝上装入蛋盘，放于蛋架车上，送入消毒间（柜）或孵化机。按照 $1m^3$ 空间用福尔马林溶液 28ml、高锰酸钾 14g（表 6 - 4），称取高锰酸钾，放入陶瓷或玻璃容器内（其容积比所用福尔马林溶液大至少 4 倍），再将所需福尔马林量好后倒入容器内，迅速关严门窗，密闭熏蒸 30min后，打开所有通风设备，排出余气。

表 6 - 4　高锰酸钾、福尔马林熏蒸消毒浓度

| 对象 | 种蛋 | 孵化室 | 出雏室 | 入孵器 | 出雏器 | 出雏器内雏鸡 | 雏鸡存放室、洗涤室、垫料、车辆 |
|------|------|--------|--------|--------|--------|--------------|--------------------------------|
| 浓度 | 2X | 1 ~ 2X | 3X | 3X | 3X | 1X | 3X |
| 时间（min） | 20 ~ 30 | 30 | 30 | 60 | 30 | 3 | 30 |

注：$1X =$（14ml 福尔马林 +7g 高锰酸钾）$/m^3$，室温24℃，相对湿度75%

（2）消毒药液浸泡或喷洒消毒法。孵化量少的种蛋消毒可用这种方法。取浓度为 5% 的新洁尔灭原液一份倒入盆中，加 50 倍 40℃温水配制成 0.1% 的新洁尔灭溶液，把种蛋放入该溶液中浸泡 5min，捞出沥干入孵。如果种蛋数量多，每消毒 30min 后再添加适量的药液，以保证消毒效果，也可用喷雾器把药液喷洒在种

蛋的表面。

### 3. 保存种蛋

种蛋用蛋架存放保存，锐端向上放置。温度保持在 12 ~
18℃，相对湿度保持在 70% ~ 80%，应通风良好、卫生干净。
种蛋的保存期在 7 天以内为好，夏季保存 1 ~ 3 天为好。种蛋贮
存 7 天内，可不翻蛋，若保存时间超过一周，则每天翻蛋 1 ~
2 次。

### （二）提供适宜的孵化条件

#### 1. 温度

温度是孵化最重要的条件，对孵化成功与否起决定作用。家
禽胚胎发育的适宜温度为 37 ~ 38℃。

供温方式有恒温和变温孵化两种。分批入孵采用恒温孵
化：即 1 ~ 19 天为 37.8℃；整批入孵采用变温孵化：温度设
定采取"前高、中平、后低"的方式，一般第 1 ~ 10 天为
37.9 ~ 38℃，第 11 ~ 15 天设定为 37.8℃，第 16 ~ 18 天设定
为 37.7℃。出雏温度控制在 36.8 ~ 37.3℃。要求孵化室内的
温度为 22 ~ 26℃。

#### 2. 湿度

适宜的湿度在孵化初期使胚胎受热均匀，后期利于散热和啄
壳出雏。湿度还影响种蛋内水分的蒸发。

孵化机湿度要求 50% ~ 55%，出雏机则以 65% ~ 70% 为宜，
孵化室、出雏室为 60% ~ 70%。

#### 3. 通风

胚胎在整个发育过程中必须不断地与外界进行气体交换，通
风可以提供胚胎发育需要的氧气，排出二氧化碳，当空气中氧气
含量为 21%，二氧化碳含量为 0.4% 时孵化率最高，胚胎对空气
的需要量后期为前期的 110 倍。若氧气供应不足，二氧化碳含量

高，会使胚胎生长停止，产生畸形，严重时造成中途死亡。在孵化后期，通风还可帮助驱散余热，及时将机内聚积的多余热量带走。但通风过度会影响到温度和湿度，使雏鸡出现眼睛闭合，眼部绒毛粘连，脱水，粪便呈绿色等。

**4. 翻蛋**

孵化过程中翻蛋既可防止胚胎与蛋壳粘连，还能促进胚胎的活动，保持胎位正常，以及使胚蛋受热均匀，发育整齐、良好。因此孵化期间每天应定时翻蛋，尤其孵化前期翻蛋作用更大。

**（三）孵化管理**

**1. 孵化厂的建设**

孵化厂是一个独立的隔离场所，用水用电要方便。厂址应远离交通干线（500 m 以上）、居民点（不少于 1 000 m）、鸡场（1 000 m 以上）和粉尘较大的工矿区。孵化厂的建筑要求通风、保温，内装修要利于冲洗清洁。高度应据所购孵化器的型号而定，原则是孵化器的高度再加 2 ~ 2.5 m 为其净空高度。具体的要求应根据实际情况而定。

根据孵化厂的服务对象及范围，确定孵化厂规模。建孵化厂前认真做好社会调查（如种蛋来源及数量，雏鸡需求量等），弄清雏鸡销售量，以此来确定孵化批次、孵化间隔、每批孵化量。在此基础上确定孵化室、出雏室及其他各室的面积。孵化室和出雏室面积，还应根据孵化器类型、尺寸、台数和留有足够的操作面积来确定。一般入孵器和出雏器数量或容量的比例 4：1 较为合理。

**2. 孵化前的准备**

（1）孵化器的检修。种蛋入孵前，要全面检查孵化机各部分配件是否完整无缺，通风运行时，整机是否平稳；孵化机内的供温、鼓风部件及各种指示灯是否都正常；各部位螺丝是否松动，有无异常声响；特别是检查控温系统和报警系统是否灵敏。待孵化机运转 1 ~ 2 天未发现异常情况，才可入孵。

（2）孵化温度表的校验。将孵化温度表与标准温度表水银球一起放到 38℃左右的温水中，观察它们之间的温差。

（3）孵化机内温差的测试。在机内的蛋架装满空的蛋盘，用 27 支校对过的体温表固定在机内的上、中、下、左、中、右、前、中、后 27 个部位。然后将蛋架翻向一边，通电使风机正常运转，机内温度控制在 37.8℃左右，恒温 0.5h 后，取出温度表，记录各点的温度，再将蛋架翻转至另一边去，如此反复各 2 次，了解孵化机内的温差及其与翻蛋状态间的关系。

（4）孵化室、孵化器的消毒。彻底消毒孵化室的地面、墙壁、天棚。每批孵化前机内必须清洗，并用福尔马林熏蒸，也可用药液喷雾消毒。

（5）入孵前种蛋预热。在 22 ~ 25℃的环境中放置 12 ~ 18h 或在 30℃环境中预热 6 ~ 8h。

（6）码盘、入孵。整批孵化时，将装有种蛋的孵化盘插入孵化蛋架车推入孵化器内；分批入孵，装新蛋与老蛋的孵化盘应交错放置，保持孵化架重量的平衡。在孵化盘上贴上标签。

（7）种蛋消毒。种蛋入孵前后 12h 内再熏蒸消毒一次。

### 3. 孵化的日常管理

（1）温度的观察与调节。孵化机的温度调节器在种蛋入孵前已经调好定温，之后不要轻易扭动。每隔 1 ~ 2h 检查箱温一遍并记录一次温度。判断孵化温度适宜与否，除观察门表温度，还应结合照蛋，观察胚胎的发育状况。

（2）湿度的调节。湿度的调节，是通过放置水盘多少、控制水温和水位高低或确定湿球温度来实现的。湿度偏低时，可增加水盘，提高水温和降低水位；湿度过高时，应除去供水设备，加强通风，切忌地面喷水。

（3）翻蛋。全自动翻蛋的孵化机，每隔 1 ~ 2h 自动翻蛋一次；半自动翻蛋的，需要按动左、右翻按钮键完成翻蛋全过程，每隔 2h 翻蛋一次。

（4）通风。整批入孵的前 3 天（尤其是冬季），进、出气孔可不打开，随着胚龄的增加，逐渐打开进出气孔，出雏期间进、出气孔全部打开。分批孵化，进、出气孔可打 1/3 ~ 2/3。

（5）照蛋。一般整个孵化期照蛋 1 ~ 2 次。头照，鸡在 5 胚龄（鸭在 6 ~ 7 胚龄；鹅在 7 胚龄）。胚蛋可明显看出黑眼点，俗称“黑眼”；二照，在移盘前，鸡在 19 胚龄（鸭在 25 ~ 26 胚龄，鹅在 28 胚龄）。胚蛋气室处有黑影闪动，俗称“闪毛”。此外，还可在胚胎发育中期进行“抽验”，鸡在 10 ~ 10.5 胚龄（鸭在 13 ~ 14 胚龄，鹅在 15 ~ 16 胚龄）。整个胚蛋除气室外布满血管，俗称“合拢”，三次照蛋的胚蛋特征见图 6 - 3。

照蛋前先提高孵化室温度（气温较低的季节），将蛋架放平稳，抽取蛋盘摆放在照蛋台上，迅速而准确地用照蛋器按顺序进行照检，并将无精蛋、死胚蛋、破蛋捡出，空位用好胚蛋填补或拼盘。最后记录无精蛋、死精蛋及破蛋数，登记入表，计算种蛋的受精率和头照的死胚率。

（6）凉蛋。通常孵鸭、鹅蛋必须凉蛋，孵鸡蛋则应视其孵化机性能、孵化制度、季节、胚龄、孵化室构造等因素而灵活掌握。方法是打开机门，或把蛋架车从机内拉出凉蛋。

（7）移盘。孵化鸡蛋的移盘时间一般在第 19 天。具体移盘时间应当在鸡胚中有 1% 开始出现“打嘴”时进行。移盘前提高室温，将胚蛋从孵化盘移到出雏网盘内，把蛋横放，不要重叠。移盘后最上层的出雏盘加盖网罩。

（8）拣雏、助产。孵化的 20.5 天出雏进入高峰，21 天出雏全部结束。在出雏高峰期，每 4h 拣雏 1 次，拣雏时要轻、快。

对少数未能自行脱壳的雏鸡，进行人工助产，操作时破去钝端蛋壳，拉直头颈，放入出雏器，使其自行挣扎脱壳。

对初生雏鸡进行选择、雌雄鉴别、接种马立克氏苗，同时计

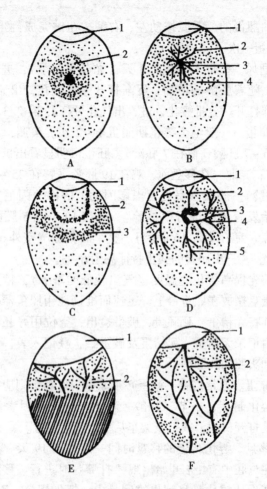

**图 6 – 3    三次照蛋的胚蛋特征**

A. 头照无精蛋    1. 气室    2. 蛋黄

B. 头照弱精蛋    1. 气室    2. 血管    3. 胚胎    4. 蛋黄

C. 头照死精蛋    1. 气室    2. 血管    3. 蛋黄

D. 头照正常蛋    1. 气室    2. 血管    3. 眼睛    4. 胚胎    5. 蛋黄

E. 二照活胚蛋 "封门"    1. 气室    2. 血管

F. 抽检活胚蛋 "合拢"    1. 气室    2. 血管

数、装箱。

（9）清扫消毒。出雏完毕，抽出出雏盘、水盘，拣出蛋壳，彻底打扫出雏器内的绒毛、污物和碎蛋壳，再用蘸有消毒水的抹布或拖把对出雏器底板、四壁清洗消毒。出雏盘、水盘洗净、消毒、晒干，彻底清洗干湿球温度计的湿球纱布及湿度计的水槽，纱布最好更换。全部打扫、清洗彻底后，再把出雏用具全部放入出雏器内，熏蒸消毒备用。

（10）停电时的措施。孵化厂应备有发电机，以供停电时使用。遇到停电首先拉电闸。室温提高至 27 ~ 30℃，不低于 24℃。每 0.5h 转蛋一次。在孵化前期要注意保温，在孵化后期要注意散热。孵化前、中期，停电 4 ~ 6h，问题不大。在孵化中、后期停电，必须重视用手感或眼皮测温（或用温度计测不同点温度），特别是最上几层胚蛋温度。必要时，还可采用对角线倒盘以至开门散热等措施。

## （四）高产蛋鸡养殖技术

### 1. 雏鸡的培育

雏鸡通常是指从出壳至 6 周龄的鸡。

育雏前的准备。

（1）提前订雏。在本身没有种鸡的情况下应提前订雏，订雏数应为育成鸡数加预防生长期间死亡、淘汰和鉴别误差的鸡数。选防疫管理好，种蛋不被白痢杆菌、霉形体、马立克病、副伤寒、葡萄球菌等污染，且出雏率高的种禽场订购鸡苗。

（2）育雏舍的准备。清除雏鸡舍内及周围环境的杂物，然后用火碱水喷洒地面，或者用白石灰撒在鸡舍周围。用火焰消毒器对育雏笼、鸡舍墙壁、地面进行灼烧，尤其对鸡笼上黏挂的鸡毛必须烧掉。上述清洗消毒完成以后，将清洗干净的粪盘、饲槽、饮水器以及育雏所用的各种工具放入舍内，然后关闭门窗，用甲醛熏蒸消毒。熏蒸时鸡舍的湿度控制在 70% 以上，温度 10℃ 以上。消毒剂量为每立方米体积用福尔马林 42ml 加 42ml 水,再加入 21g 高锰酸钾。1~2 天后打开门窗,通风晾干鸡舍。

（3）试温。在进雏前 24h 将育雏舍温度升至 32~35℃,离地网上平养采用育雏伞,育雏伞边缘温度为 33℃ 左右,室内用暖气或火炉供温,保持室温 22~25℃,相对湿度保持在 60%~70%,在预热过程中发现热源部分出现问题要及时解决。试温时,育雏人员要按进雏后同样严格的卫生要求,保持环境清洁,以免污染已消毒过的房舍与设备。

（4）准备好育雏用的各种物质与用具,如饲料、垫料、疫苗、药物、育雏记录表格等。

**2. 雏鸡的饲养**

（1）饮水。雏鸡运到雏鸡舍后,在育雏舍经短时间休息、适应后,先供给饮水,水温以 18~20℃ 为宜。第一次饮水用 0.05% 高锰酸钾溶液,用手指伸入水中可见微红即可。对清除胎粪、促进卵黄吸收有好处。前 2 天饮水中加入 5% 的红糖和 0.1% 的维生素 C,以降低雏鸡的死亡率。以后保持有清洁饮水。一般情况下,雏鸡一天换 3 次水,天气炎热时,增加换水次数。

（2）开食。开食一般在初饮后 3h 至出壳 24h 以前,观察鸡群,当有 1/3 的个体有寻食、啄食表现时就可开食。方法是将准备好的饲料撒在硬纸、塑料布上,或浅边食槽内。一般初期采用自由采食,3 天后至前 2 周每天喂 6 次,其中,夜里喂 1~2 次;第 3~4 周每天喂 5 次,5 周以后每天喂 4 次。如果是笼养,从第 3 周起可以自由采食。

**3. 雏鸡的管理**

（1）饲喂方式和密度。育雏期的饲养方式可分为地面平养（厚垫草）、网上平养和立体笼养。不同的饲养方式其饲养密度不同（表 6-5）。

表6-5　不同饲养方式雏鸡饲养密度　　　（只/m²）

| 地面平养 | | 立体笼养 | | 网上平养 | |
|---|---|---|---|---|---|
| 周龄 | 鸡数 | 周龄 | 鸡数 | 周龄 | 鸡数 |
| 0~6 | 13~15 | 1~2 | 60 | 0~6 | 13~15 |
| 7~12 | 10 | 3~4 | 40 | 7~18 | 8~10 |
| 12~20 | 8~9 | 5~7 | 34 | | |
| | | 8~11 | 24 | | |

（2）环境条件。

①温度。开始育雏阶段，必须给以较高的温度，一般35℃以上对雏鸡更有利于卵黄的吸收和抗白痢。第2周开始，每周降低2~3℃。并根据气温情况，在5~6周龄左右脱温。适宜的育雏温度见表6-6。表6-6中温度上限指白天温度，下限为夜间温度。

表6-6　育雏的温度

| 日龄 | 1~3d | 4~5d | 6~7d | 2周龄 | 3周龄 | 4周龄 | 5周龄 | 6周龄 |
|---|---|---|---|---|---|---|---|---|
| 温度（℃） | 35~36 | 32~34 | 30~32 | 28~30 | 26~28 | 22~24 | 20~22 | 18~20 |

育雏第一天要求温度达到35℃。根据雏鸡的分布和活动情况，来判断育雏温度是否合适。温度合适时雏鸡表现安详，分布均匀；温度高时，雏鸡远离热源，张嘴呼吸；温度低时，雏鸡在热源处扎堆；有贼风时雏鸡则躲向一侧。

②湿度。育雏室的相对湿度是：1~2日龄为65%~70%，10日龄以后为55%~60%，育雏前期要增大环境湿度，随日龄的增加，要注意防潮。尤其要注意经常更换饮水器周围的垫料，以免腐烂、发霉。

③通风。通风和保温是相互矛盾的，每日应定时进行，寒冷季节宜在中午进行。通风换气时将舍温升高1~2℃，做到既通风又不降温。要根据鸡舍内气味好坏灵活启闭通风门窗。通风换气

要随季节、温度变化而调整。

④光照。光照强度：初期用较强的灯光，可用 60 ~ 100W 的灯泡，3 天之后夜间换成 45 ~ 25W 的灯泡。光照时间：3 天之内的光照为 23h/天，之后每周减 1 ~ 2h。也可用自然光照，夜间为了给雏鸡补饲，定时开 2 次灯，每次 2h 左右。

（3）断喙。在 7 ~ 10 日龄进行断喙。将断喙器加热到刀片颜色呈暗红色（温度在 800℃ 左右）。

单手握雏，拇指压住鸡头顶，食指放在咽下并稍微用力，使雏鸡缩舌防止断掉舌尖。将头向下，后躯上抬，按断喙器圆孔的深度将鸡喙插入断喙器内，边切边烙，将上喙切去 1/2（喙端至鼻孔），下喙切去 1/3，断喙后雏鸡下喙略长于上喙，如图 6 - 4 所示。切掉喙尖后，在刀片上灼烫 1.5 ~ 2s，有利止血。断喙期间在水中添加电解质和维生素，料槽中的饲料要加厚。

电动断喙器

**图 6 - 4　雏鸡精确断喙和长大后的喙形**

（4）分群。随着鸡的长大要进行分群，为了减少应激，一般结合免疫工作同时进行。注意挑出弱小鸡，进行单独饲养。观察鸡群，特别是由网上转到地面饲养的鸡在黑天、关灯后极易产生扎堆现象，此时要及时将鸡群驱赶开。

（5）预防疾病。育雏期易发的细菌性疾病有沙门氏菌引起的鸡白痢，副伤寒；大肠杆菌引起的脐炎；还有球虫病和传染性法氏囊病。预防用药可按以下程序。

第 3 ~ 7 天选用抗生素预防细菌感染，以后根据鸡群状态可隔7~10天再次用药，随日龄增大，间隔用药时间延长。可选用的抗生素有四环素、氯霉素、土霉素、恩诺沙星、呋喃唑酮等。平养的雏鸡15天左右需第一次投抗球虫药，垫料平养更须注意防球虫病。可选用药有氯苯胍、克球灵等。法氏囊、鸡瘟等传染病的防治要进行免疫接种和严格的环境消毒、环境净化。

育雏前期常在水中给药，让雏鸡自由饮用，也可拌料给药。

对雏鸡进行饮水免疫前应断水4~6h以上。通常晚上停水，次日早晨喂疫苗水。饮水免疫的水质要好。蒸馏水、冷开水和井水均可。不能用经过消毒的自来水。在水中加入2%的脱脂奶粉或鲜奶，能提高免疫效果。

（6）日常管理。

①经常观察鸡群的精神状态、行动情况，睡眠是否安静，食欲是否正常，饮水是否充足，粪便是否正常等，在注射疫苗和其他应激后，更应仔细观察。

②经常清洁饲料器，每天冲洗饮水器，保持舍内卫生，垫料勤晒勤换。

③经常检查温度是否恰当，鸡群是否感到舒适。适时做好脱温工作。

④发现鸡舍有死鸡应及时捡出，发现病鸡及时抓出隔离治疗，全群针对发病情况投喂一些预防药。

⑤做好育雏记录，项目包括日龄、数量、每天死亡及出售数量，每天饲料消耗量及饲料型号，称重情况，上市体重等，最后统计发病率、死亡率及总的成活率。

（五）育成鸡的培育

育成鸡一般是指7~18周龄的鸡。

**1. 育成鸡的饲养**

（1）逐步换料。当鸡群7周龄平均体重和胫长达标时，将育雏料换为育成料。若此时体重和胫长达不到标准，则继续喂雏鸡料，达标时再换；若此时两项指标超标，则换料后保持原来的饲喂量，并限制以后每周饲料的增加量，直到恢复标准为止。

更换饲料要逐渐进行，如用 2/3 的雏鸡料混合 1/3 的育成料喂 2 天，再各混合 1/2 喂 2 天，然后用 1/3 育雏料混合 2/3 育成料喂 2～3 天，以后就全喂育成料。

（2）增大饮水和采食位置。随着鸡龄的增加，要增大育成鸡的采食和饮水位置，并使料槽和水槽高度保持在鸡背水平上。每只鸡所需采食和饮水位置见表 6-7。

表 6-7　每只鸡所需的采食和饮水位置　　　（单位：cm）

| 周龄 | 采食位置 | | 饮水位置 |
|---|---|---|---|
| | 干粉料 | 湿拌料 | |
| 7 | 6～7.5 | 7.5 | 2～2.5 |
| 8 | 6～7.5 | 7.5 | 2.2～5 |
| 9～12 | 7.5～10 | 10 | 2.2～5 |
| 13～18 | 9～10 | 12 | 2.5～5 |
| 19～20 | 12 | 13 | 2.5～5 |

（3）限制饲养。

①限饲时间。根据育成鸡的体重及健康状况具体确定限饲开始和终止时间。一般最早在 8 周龄开始限饲，最晚 18 周龄结束，可以全程也可以中间某一段时间限饲。

②限饲方法。限制饲养方法有限质、限量和限时等。限质法，即在氨基酸平衡的条件下，饲料的粗蛋白质从 16% 降至 12%～13%；或将饲料的赖氨酸降为 0.39%，可延迟性成熟；限量法，即每天饲喂自由采食量的 92%～93% 的全价饲料，饲料的质量可以不变；限时法分为以下几种：

每天限时：每天固定采食时间，其他时间不喂料。

隔日饲喂：隔 1 天喂料 1 天，1 天喂 2 天的饲料。

每周停喂 1 天：把 7 天的饲料集中在 6 天饲喂。

每周停喂 2 天：把 7 天的饲料集中在 5 天饲喂。

无论限饲几天，保证该周喂料总量为不限饲的 92% ~93% 。

③补充砂粒和钙。从 7 周龄开始，每周每 100 只鸡应给予 500 ~1 000g 砂粒，撒于饲料面上，前期用量少且砂粒直径小，后期用量多且砂粒直径增大。

从 18 周龄到产量率 5% 阶段，日粮中钙的含量增加到 2% ，以供小母鸡形成髓质骨，增加钙盐的贮备。最好单独喂给 1/2 的粒状钙料，以满足每只鸡的需要，也可代替部分砂粒，改善适口性和增加钙质在消化道内的停留时间。

**2. 育成鸡的管理**

（1）转群。7 ~8 周龄，由雏鸡舍转到后备舍（也可育雏、育成一起完成，无须转群）。18 ~19 周再由后备舍转到产蛋舍或上笼饲养。

转群的前 3 天在饲料中适当添加多维和抗生素，以增强鸡群抵抗力。

夏季选择在凉爽的早晨，冬季在暖和的中午转群，捉鸡时轻拿轻放，防止机械损伤，淘汰出病弱残次的鸡和鉴别错误的公鸡。

（2）驱虫。地面养的雏鸡与育成鸡比较容易患蛔虫病与涤虫病，15 ~60 日龄易患涤虫病，2 ~4 月龄易患蛔虫病，应及时驱虫。

（3）接种疫苗。根据各个地区、各个鸡场以及鸡的品种、年龄、免疫状态和污染情况的不同，因地制宜地制订本场的免疫计划，并切实按计划落实。

（4）创造适宜的环境条件。

①适宜的密度。平养 10 ~15 只/m²，青年鸡笼养为每小笼 4 ~5 只。

②适宜的光照。密闭式鸡舍雏鸡 1 周龄内每天光照 23 ~24h，2 ~20 周龄每天保持 8h 光照时间。开放式鸡舍根据出雏日期不同

有两种光照方案：

春夏季孵出的雏鸡（4~8月），生长后期处于日照渐短或较短时期，可完全利用自然光照。

秋冬雏（9月至次年3月）生长阶段后期，处于日照渐长或较长时期，如完全利用自然光照，通常会刺激母雏性器官加速发育使之早熟、早衰。育成期控制光照的办法有两种。

a.恒定法。查出育成期当地自然光照最长一天的光照时数，自4日龄起即给予这一光照时数，并保持不变至自然光照最长一天时止，以后自然光照至性成熟，产蛋期再增加人工光照。b.渐减法。查出20周龄时的当地日照时数，将此数加5h作为第4日龄的光照时数，从雏鸡第4日龄起以后每周减少15min，至20周龄正好减去5h后为当时的自然光照。

③适当的通风。鸡舍空气应保持新鲜，使有害气体减至最低量。随着季节的变换与育成鸡的生长，通风量要随之改变。

（5）控制性成熟和促进骨骼发育。采用适当的光照制度和育成期限制饲养相结合以控制性成熟。同时要重视育成鸡体重和骨骼的发育，才能有较好的产蛋性能和成活率。

生长阶段从第4周龄开始，每隔2周进行一次体重和胫长的测定。

（6）提高均匀度。均匀度用体重和胫长两指标来衡量。均匀度测定方法：从鸡群中随机取样，鸡群越小取样比例越高，反之越低。如500只鸡群按10%取样；1 000~2 000只按5%取样，5 000~10 000按2%取样。取样群的每只鸡都称重、测胫长，不加人为选择，并注意取样的代表性。

$$体重均匀度 = \frac{平均体重上下10\%范围内的鸡只数}{取样总只数} \times 100$$

这是体重的10%均匀度，还有要求得较高的8%和5%均匀度等衡量办法。胫长均匀度也由此类推。一般，蛋鸡群中10%体重均匀度应达80，5%胫长均匀度应在90。

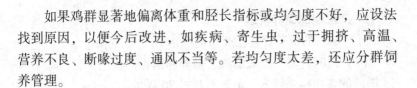

如果鸡群显著地偏离体重和胫长指标或均匀度不好，应设法找到原因，以便今后改进，如疾病、寄生虫，过于拥挤、高温、营养不良、断喙过度、通风不当等。若均匀度太差，还应分群饲养管理。

### （六）产蛋鸡的饲养管理

产蛋鸡一般是指 21 ~ 72 周龄的鸡。

#### 1. 产蛋鸡的环境条件

（1）温度。产蛋适温为 13 ~ 25℃，其中 13 ~ 16℃时产蛋率较高，15.5 ~ 25℃时产蛋的饲料效率较高。气温过高、过低对产蛋性能都有不良影响。

（2）湿度。适宜的湿度为 50% ~ 70%，如果温度适宜，相对湿度低至 40% 或高至 72%，对鸡无显著影响。

（3）通风。密闭式蛋鸡舍一般采用机械通风。要使蛋鸡舍内空气新鲜，$CO_2$ 不应超过 0.15%，$H_2S$ 不超过 10mg/m³，$NH_3$ 不超过 20mg/m³。

（4）光照。逐渐增加光照至 16h，最多不超过 17h。光照强度为 20 ~ 30lx。

（5）饲养密度。蛋鸡的饲养密度与饲养方式密切相关，见表 6 - 8。

表 6 - 8　蛋鸡的饲养密度

| 饲养方式 | 轻型蛋鸡 | | 中型蛋鸡 | |
| --- | --- | --- | --- | --- |
| | 只/m² | m²/只 | 只/m² | m²/只 |
| 垫料地面 | 6.2 | 0.16 | 5.3 | 0.19 |
| 网状地面 | 11.0 | 0.09 | 8.3 | 0.12 |
| 地网混合 | 7.2 | 0.14 | 6.2 | 0.16 |
| 笼养 | 26.3 | 0.038 | 20.8 | 0.048 |

注：笼养所指面积为笼底面积

## 2. 产蛋期的饲养管理

开产前后的饲养管理。开产前后指 18~25 周龄。

（1）适时转群。彻底清洗、修补和消毒产蛋鸡舍后，将 17~18 周龄的青年母鸡转入，最迟不超过 20 周龄。

转群前在产蛋鸡舍准备充足的饮水和饲料，使鸡一到产蛋舍就能饮到水、吃到料。转群时注意天气不应太冷太热，冬天尽量选择晴天转群，夏天可在早晚或阴凉天气进行。捉鸡要捉双脚，不要捉颈或翅，且轻捉轻放，以防骨折和惊恐。逐只进行选择，把发育不良的、病弱的鸡只淘汰掉，断喙不良的鸡也要重新修整，并计好鸡数。把人员分成抓鸡组、运鸡组和接鸡组，提高工作效率，避免人员交叉感染。

（2）满足开产前的营养需要。开产前 3~4 周内，喂给青年母鸡较高的营养浓度，与产蛋高峰期相同（钙除外）。此时饲料中钙含量增加到 2%，20 周龄时，再将钙的水平提高到 3.75%。

（3）增加光照时间和强度。19~20 周龄开始增加光照时间和强度，且光照控制必须与日粮调整相一致。

（4）准备产蛋箱。平养鸡群开产前两周，在墙角或光线较暗处放置好产蛋箱。每 4~5 只母鸡放 1 只产蛋箱，每 4~6 只产蛋箱连成一组。箱内铺垫草，保持清洁卫生。产蛋箱的规格不可太小，能让鸡在内自如地转身，一般长 40cm、宽 30cm、高 35cm。

## 3. 高峰期的饲养管理

现代高产蛋鸡多在 28 周龄左右到达产蛋高峰，前后约有 10 周时间，产蛋率在 90% 以上。

（1）充分满足母鸡的营养需要。供给优良的、营养完善而平衡的高蛋白、高钙日粮，满足鸡群对维生素 A、维生素 $D_3$、维生素 E 等各种营养的需要，并保持饲料配方的稳定。实行自由采食，并随产蛋率的增加逐渐增加喂饲量和光照时间（16h 为止），饲喂量的增加要在产蛋量上升之前。当产蛋率下降时，减少饲喂

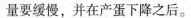

量要缓慢，并在产蛋下降之后。

（2）减少鸡群应激。保持各种环境条件（温度、湿度、光照、通风等）尽可能的适宜、稳定或渐变。注意天气预报，及早预防热浪与寒流，采取有效的防寒降温措施。按常规进行日常的饲养管理，使鸡群免受惊吓。鸡群的大小与密度要适当，提供数量足够、放置均匀的饮、喂设备等。接近鸡群时给以信号，轻捉轻放，尽可能在弱光下进行。尽量避免连续进行可引起鸡骚乱不安的技术操作。谢绝参观者入舍，特别是人数众多或奇装异服者。不喂给影响产蛋的药物（如磺胺类）；预知鸡处于逆境时，加倍供给饲料中的维生素。

### 4. 产蛋后期的饲养管理

产蛋后期指 43～72 周龄。

（1）调整日粮组成。参照各类鸡产蛋后期的饲养标准进行，一般可适当降低粗蛋白水平（降低 0.5%～1%），能量水平不变，适当补充钙质，最好采用单独补充粒状钙的形式。

（2）限制饲养。一般轻型蛋鸡不限饲，只调整日粮组成；中型蛋鸡要进行限饲。

限饲的具体方法：在产蛋高峰后第三周开始，将每 100 只鸡的每天饲料摄取量减少 220g 连续 3～4 天。只要产蛋量下降正常，这一减料方法可一直持续下去。此期的饲料减量不超过 8%～9%。

（3）淘汰提前换羽和低产的母鸡。观察鸡的头部，低产鸡一般冠小、萎缩、粗糙而苍白；如日粮中含有黄玉米或叶粉，则低产鸡眼圈与喙呈黄色。当发现料槽中或粪板上有羽毛时，检查鸡体，如主翼羽已脱换，且耻骨变粗糙，间距缩小，即为早换羽的停产鸡，都应淘汰。另外，对一些体小身轻，或过于肥大，或已瘫痪有肿瘤的鸡，也应及时淘汰。

（4）增加光照时间。在全群淘汰之前的 3～4 周，逐渐增加光照时间至 17h，可刺激多产蛋。

**5. 日常管理**

（1）投料。每日根据产蛋性能和季节等因素，先计算好喂料量，分 1 次或 2 次投放。

（2）匀料。每次除投料外，至少匀料 2 次。

（3）给水和清洗水槽。不管什么水槽每日均应清洗 1 次。

（4）清扫地面。每天打扫 1 次地面和周围环境。

（5）捡蛋。固定捡蛋时间，捡蛋时轻拿轻放，剔出破蛋，抹干净脏蛋。

（6）检查鸡群。每日检查鸡群 2 次，发现伤、残、病、死鸡及时拿出和处理。

（7）检查笼门和鸡笼底网。及时发现破损处并修理好。

（8）清洗蛋盘。每天清洗消毒后使用。

（9）鸡舍门口的消毒。定期更换鸡舍门口的消毒药物。

（10）查看鸡舍四周。每天对鸡舍内外四周查看一次，看是否有老鼠和其他动物出入的痕迹，发现鼠洞及时用水泥堵住。

（11）作好生产记录。对每天的生产情况和异常情况，详细记录，以便分析生产情况（表6-9）。

**表6-9　产蛋鸡舍鸡群生产情况记录一览表**

鸡种＿＿＿第＿＿舍　　　　　　　　　　饲养员＿＿＿＿＿年＿＿月

| 日期 | 周龄 | 日龄 | 当日存养 | | 减少鸡数（只） | | | | | | 产蛋数 | 破蛋数 | 耗料（kg） | 备注（温度、湿度、防疫等） |
|---|---|---|---|---|---|---|---|---|---|---|---|---|---|---|
| | | | 公 | 母 | 病死 | 压死 | 兽害 | 啄肛 | 出售 | 其他 | 小计 | | | | |
| | | | | | | | | | | | | | | | |
| | | | | | | | | | | | | | | | |
| | | | | | | | | | | | | | | | |
| | | | | | | | | | | | | | | | |

**6. 炎热季节管理技术**

（1）鸡舍的屋顶铺设隔热层。

（2）加大通风量。打开所有门窗，必要时安装风扇，加强通风。

（3）喷雾降温。在鸡舍中央处装一条水管，每隔 4~6m 装一个喷头，在中午或下午进行喷雾，少量多次，同时配合风机通风。

（4）密闭式鸡舍，实行纵向通风，湿帘降温。

（5）增加饮水器，保证鸡有足够的清凉饮水（深井水更好），夏天不能停水。

（6）调整饲料配方，适当提高日粮的营养浓度。

（7）饲料中添加抗热应激药物，如碳酸氢钠、氯化钾、维生素 C、维生素 E 等。

（8）改变饲喂时间。在清晨较凉爽的时候喂料，饲料应新鲜。

（9）及时清粪，减少鸡舍内有害气体产生。

（10）在鸡舍内放一些冰块，降低舍温，并在饮水中投放冰块，降低水温。

**7. 冬季蛋鸡管理技术**

（1）做好鸡舍的保暖工作。检查门、窗、墙壁、屋顶是否有缝隙，防止贼风。

（2）适当提高室温和水温。用采暖设备给鸡舍加温，冬天用温水喂鸡。

（3）处理通风与保暖的关系。当保温与通风有矛盾时，优先考虑通风。

（4）适时增加喂料量，以环境 10℃ 为基准，每降低 1℃ 温度，应增加 1g 的喂料量。

# 三、快大型肉鸡养殖技术

## （一）选择饲养方式

快大型肉鸡有平养、笼养和笼养与平养相结合三种饲养方式，平养又分为厚垫料地面平养和网上平养。厚垫料平养节省劳力，投资少，肉鸡残次品少，但球虫病难以控制，药品和垫料开支大，鸡只占地面积大。网养、笼养饲养量大，利于防球虫病，但一次性投资大，胸、脚病发生率较高。笼养与平养相结合的饲养方式是对 2～3 周内的肉鸡实行笼养，然后实行地面饲养，具有笼养和平养的优点。

## （二）提供良好的环境条件

### 1. 饲养密度

适宜的饲养密度，依饲养方式、鸡舍类型、垫料质量、养鸡季节和出场体重而异。

按鸡舍使用面积计算：1～7 日龄 30 只/m²；8～14 日龄 25 只/m²；15～28 日龄，20 只/m²；29～42 日龄，15 只/m²；43～56 日龄，8～10 只/m²。

按每平方米体重计算，饲养密度参考表 6 – 10，注意在育雏前期不能按体重计算。

表 6 – 10　不同体重肉仔鸡的饲养密度　　　　　（只/m²）

| 体重（kg/只） | 厚垫料平养 | 竹竿网养 |
|---|---|---|
| 1.4 | 14 | 17 |
| 1.8 | 11 | 14 |
| 2.3 | 9 | 10.5 |
| 2.7 | 7.5 | 9 |
| 3.2 | 6.5 | 8 |
| 体重（kg/m²） | 20 | 25 |

出场时最大收容密度可达每平方米 30kg 活重，若每只 2kg，则最多每平方米 15 只。笼养时密度可比平养高 1 倍以上。

**2. 温度**

开始育雏时保温伞边缘离地面 5cm 处的温度以 35℃为宜，第 2 周龄起伞温每周下降 2~3℃，冬天降幅小，夏天降幅大些，至第 5 周降至 21~23℃为止，以后保持这一温度。或从 35℃起，每天下降 0.5℃至 30 天达 20℃。要求平稳降温。脱温后舍内温度保持 20℃左右为最好。

**3. 通风**

由于肉鸡饲养密度大，生长快，加强舍内环境通风，保持空气的新鲜是非常必要的。

第一、第二周时以保温为主适当注意通风；第三周开始要适当提高通风量和延长通风时间；4 周龄后，除非冬季，则以通风为主，尤其是夏季。鸡舍要安装足够的通风设备，以便必要时能达到最大功率。

**4. 湿度**

最适宜的湿度为：0~7 日龄 70%~75%；8~21 日龄 60%~70%，以后降至 50%~60%。

增加舍内湿度的办法：一般在育雏前期，需要增加舍内湿度。如果是笼养或网上平养育雏，则可以在水泥地面上洒水以增加湿度；若厚垫料平养育雏，则可以向墙壁上面喷水或在火炉上放一个水盆蒸发水汽，以达到补湿的目的。降低舍内湿度的办法：升高舍内温度，增加通风量；加强平养的垫料管理，保持垫料干燥；冬季房舍保温性能要好，房顶加厚，如在房顶加盖一层稻草等；加强饮水器的管理，减少饮水器内的水外溢；适当限制饮水。

**5. 光照**

实行 24h 全天连续光照，或 23h 连续光照 1h 黑暗。有窗鸡舍，可以白天自然光照，夜间人工补光。

肉鸡一般采用弱光照制度。在育雏的 1~4 日龄给予较强的光照，$3.0W/m^2$，15~30 日龄为 $1.5W/m^2$，30 日龄以后为 $0.75W/m^2$。对于有窗或开放式鸡舍，要采用各种挡光的方式遮黑；对于密闭式鸡舍，应安装光照强弱调节器，按照不同时期的要求控制光照强度。

### (三) 饲养设备技术要求

肉鸡的饲养设备和其他鸡种是相似的，但某些设备的容量不同，见表 6-11。

表 6-11　肉鸡设备技术要求

| | |
|---|---|
| 饮水器 | 前二周每 100 只鸡 1~2 个 4L 的真空饮水器；之后每只鸡 2cm 的水槽位置或每 125 只鸡一个塔形自动饮水器。使用乳头饮水器每 20 只鸡 1 个乳头 |
| 食槽 | 第一周每 100 只鸡 1 个平底料盘。之后每 100 只鸡 3m 长食槽，或每 100 只鸡 3 个食盘 |
| 育雏伞 | 每个育雏伞可容纳 500~1 000 只雏鸡，如使用中央暖气系统，每平方米 22 只 |
| 护栏 | 护栏高度 45cm，放在距育雏伞 60~150cm 处，视育雏伞的类型和季节而定 |
| 垫料 | 必须使用干爽、清洁、吸水、不发霉的垫料，每次放置约 5cm 厚的垫料 |

### (四) 肉鸡的饲养

#### 1. 公母分群饲养

进行雌雄鉴别将公母雏分开，按公母鸡的需要调整营养水平，前期把公鸡的蛋白质水平提高到 24%，并适当添加赖氨酸，加厚垫料。公母分群饲养除了略微提高增重速度外，使同一群体中个体间的差异减小，均匀度提高，便于机械化屠宰加工，可提高产品的规格化水平。

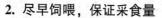

**2. 尽早饲喂，保证采食量**

肉雏鸡出壳后早入舍，早饮水，在饮水 2h 后尽早开食，必要时采用人工引诱的办法，尽快让所有小鸡吃上饲料。

保证采食量的方法是，提供足够的采食和饮水位置；饲养密度、温度要适宜；防止饲料霉变提高饲料的适口性；采用颗粒料；在饲料中添加香味剂等以促进食欲。

**3. 饲喂次数与饲喂量**

饲喂次数本着少喂勤添的原则，1～15 日龄喂 8 次/天，隔3～4h 喂一次，至少不能少于 6 次；16～56 日龄喂 3～4 次/天。每次喂料多少应据鸡龄大小不断调整。

**（五）防止肉鸡饲养管理中容易出现的疾病**

**1. 肉鸡腹水症**

腹水症的发生与遗传、缺氧、缺硒、营养过剩及某些药物的长期使用等因素有关。控制肉鸡腹水症发生的措施如下。

（1）改善环境条件，特别是密度大的情况下，应充分注意鸡舍的通风换气。

（2）适当降低前期料的蛋白质和能量水平。

（3）防止饲料中缺硒和维生素 E。

（4）饲料中呋喃唑酮药不能长期使用。

（5）发现轻度腹水症时，应在饲料中补加维生素 C，用量是 0.05%。

**2. 肉鸡腿病**

肉鸡腿病是由遗传、营养、传染病和环境等因素的相互作用引起的。预防肉鸡腿部疾病的措施如下。

（1）完善防疫保健措施，杜绝感染性腿病。

（2）确保微量元素及维生素的合理供给，避免因缺乏钙、磷而引起的软脚病；缺乏锰、锌、胆碱、尼克酸、叶酸、生物素、

维生素 $B_6$ 等所引起的脱腱症；缺乏维生素 $B_2$ 而引起的蜷趾病。

（3）加强管理，确保肉仔鸡合理的生活环境，避免因垫草湿度过大、脱温过早、以及抓鸡不当而造成的脚病。

**3. 胸囊肿**

胸囊肿是肉鸡胸部皮下发生的局部炎症，从管理方面防止胸囊肿的方法如下。

（1）尽可能保持垫料的干燥和松软，垫料保持足够的厚度，防止露出水泥地面，及时抖松或更换垫料以防潮湿板结。

（2）勿使鸡长期处于伏卧状态，应适当活动。越是日龄大、体重大的、胸部肌肉丰满的鸡胸部受压情况越严重，囊肿发生率越高。

（3）尽量不采用金属网面饲养肉仔鸡。

**（六）正确抓鸡、运鸡，减少外伤**

肉用仔鸡出栏时应做到：

（1）在抓鸡之前组织好人员，并讲清抓鸡、装笼、装卸车等有关操作要求。

（2）检修鸡笼，不能有尖锐棱角，笼口要平滑。

（3）抓鸡前将所有的设备升高或移走，避免捕捉过程中损伤鸡体或损坏设备。

（4）关闭大多数电灯，使舍内光线变暗，在抓鸡过程中要启动风机。

（5）用隔板把舍内鸡隔成几群，防止鸡群挤堆窒息而死亡。

（6）抓鸡时间最好安排在凌晨进行，这时鸡群不太活跃，而且气候比较凉爽，尤其是夏季高温季节。

（7）抓鸡时要抓鸡腿，不要抓鸡翅膀和其他部位，每只手3~4只，不宜过多。入笼时要十分小心，鸡要装正，头朝上，避免扔鸡、踢鸡等动作。每个笼装鸡数量不宜过多，尤其是夏季，防止闷死、压死。

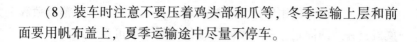

（8）装车时注意不要压着鸡头部和爪等，冬季运输上层和前面要用帆布盖上，夏季运输途中尽量不停车。

# 四、土鸡高效养殖技术

我国地方鸡种也叫土鸡、柴鸡或笨鸡，具有生长速度慢，生长周期长，抗病力强，耐粗饲，肉质、鸡蛋风味好，营养全面等特点。而利用我国地方土鸡与外来肉鸡、蛋鸡进行杂交生产出来的杂交商品代仿土鸡又称土杂鸡，其肉、鸡蛋品质接近于本土鸡。土鸡从生长速度上可分为：快大型、中速型、优质型；从羽色上可分为：麻羽、麻黄羽、黄羽，还有黑羽、花羽等；从皮肤和胫色上又分为：黄、青、乌等品种。随着人们生活水平的提高，肉、蛋味道鲜美的放养土鸡，越来越受消费者的欢迎。

## （一）育雏期的饲养管理

土鸡的育雏技术同快大型肉鸡。幼雏一般在 5 周左右可脱温饲养，脱温后即可转移到外面放养。

## （二）育成期的饲养管理

育成期是指雏鸡经育雏脱温后到母鸡开产、公鸡上市阶段。此阶段以放养结合补饲方式饲养，使鸡体得到充分发育，羽毛丰满，为以后的产蛋打下基础。

### 1. 放养场地建设

围网放养场地确定后，要选择尼龙网围成封闭围栏，鸡可在栏内自由采食。围栏面积根据饲养数量而定，一般每只鸡平均占地 $8m^2$。

选择地势高、干燥、排水良好、距离道路 500m 以上的地方搭建鸡舍，也可在树林中或林地边，坐北朝南修建鸡舍。鸡舍可采用塑料大棚式，宽 6m，长度按鸡的数量而定，大棚顶内层铺无滴膜，上铺一层用以保温隔热的稻草，在稻草上再用塑料薄膜覆盖，并用绳固定。塑料大棚纵轴的两侧下沿可卷起或放下，以调节室内温度和换气。棚内地面可垫细沙，使室内干燥，每平方米养鸡 6~8 只，同时，搭建多层产蛋窝和栖架，产蛋窝大小以容纳 2 只鸡为宜。

**2. 饲养管理要点**

（1）放养季节选择。尽量安排雏鸡脱温后在白天气温不低于10℃时开始放养。

（2）放养驯导与调教。为使鸡按时返回棚舍，便于饲喂，脱温后在早晚放归时，可定时用敲盆或吹哨来驯导和调教。最好俩人配合，一人在前面吹哨开道并抛撒饲料，让鸡跟随哄抢；另一人在后面用竹竿驱赶，直到全部进入饲喂场地。为强化效果，开始的前几天，每天中午在放养区内设置补料槽和水槽，加少量的全价饲料和清水，吹哨并引食一次。同时，饲养员应及时赶走提前归舍的鸡。傍晚再用同样的方法进行归舍驯导。如此反复训练几天，鸡群就能建立条件反射。

（3）供给充足的饮水。在鸡活动的范围内放置一些饮水器具，如每 50 只鸡准备 1 个饮水器，同时避免让鸡喝不干净的水。

（4）定时定量补饲。补饲时间要固定，不可随意改动。

（5）补充光照。冬春季节自然光照短，必须实行人工补光，每平方米以 3W 为宜。若自然光照超过每日 11h，可不补光。晚上熄灯后，还应有一些光线不强的灯通宵照明，使鸡可以行走和饮水。在夏季昆虫较多时，可在栖息的地方挂一些紫光灯或白炽灯。

（6）防兽害和药害。特别要注意完善防护设施，避免老鼠、猫、狗、黄鼠狼、蛇等兽害；在对树木喷洒农药时，将鸡赶入鸡舍，防止鸡农药中毒，或者使用生物农药。

（7）定期防疫与驱虫。根据当地疫病发生状况制订科学的免疫程序，定期使用药物进行驱虫。

（8）精心管理。

①观察鸡的健康状况：放鸡时健康鸡总是争先恐后向外飞跑，病弱鸡行动迟缓或不愿离舍；补料时健康鸡往往显得迫不及待，病弱鸡不吃食或反应迟钝。

②清扫鸡舍和清粪时，观察粪便是否正常。

③晚上关灯后倾听鸡的呼吸是否正常，若带有"咯咯"声，则说明呼吸道有疾病。

### （三）产蛋期的饲养管理

母鸡体重达 1.3～1.5kg 时开产。饲养管理是白天让鸡在放养区内自由采食，早晨和傍晚各补饲 1 次，日补饲量以 50～55g 为宜，在整个产蛋期要做到以下几点。

#### 1. 产蛋期饲养

饲料应以精料为主，适当补饲青绿多汁饲料。精料中，粗蛋白含量在 15%～16%、钙为 3.5%、有效磷为 0.33%、食盐 0.37%。要加强鸡过渡期的管理，由育成期转为产蛋期喂料要有一个过渡期，当产蛋率在 5% 时，开始喂蛋鸡料，一般过渡期为 6 天，在精料中每 2 天换 1/3，最后完全变为蛋鸡料。

#### 2. 增加光照时间

一般实行早晚两次补光，全天光照为 16h 以上，产蛋后期，可将光照时间调整为 17h。补光的同时补料，补光一经固定下来，就不要轻易改变。

#### 3. 预防母鸡就巢性

昏暗环境和窝内积蛋不取，可诱发母鸡就巢性，所以应增加拣蛋次数，做到当日蛋不留在产蛋窝内过夜。一旦发现就巢鸡应及时改变环境，将其放在凉爽明亮的地方，多喂些青绿多汁饲料，鸡会很快离巢。

### 4. 严格防疫消毒

在放养环境中生长的鸡，容易受外界疾病的影响，所以防疫、消毒工作必须到位。一要在兽医人员指导下严格按照鸡疫病防疫程序进行防制。二要搞好卫生消毒。放养场进出口设消毒带或消毒池，并谢绝参观。三要做到"全进全出"。每批鸡放养完后，应对鸡棚彻底清扫、消毒，对所用器具、盆槽等熏蒸消毒后再进下一批鸡。

### 5. 注意天气

恶劣天气或天气不好时，应及时将鸡群赶回棚内进行舍饲，不要外出放养，避免死伤造成损失。

# 五、鸭高效养殖技术

## （一）商品蛋鸭养殖

### 1. 雏鸭的培育

雏鸭是指从出壳至4周龄的鸭。

（1）温度。1~3日龄30~32℃，室温保持在24℃，4日龄后每天降1℃，到28日龄后达到18℃，温度要适宜，冬季舍温要保持在10℃以上，温度不可忽高忽低。

（2）饲养密度。1周龄30~40只/m²，2周龄25~30只/m²，1个月龄后15只/m²。每个围栏以300~500只为宜。

（3）饲养管理。

①适时"开水""开食"。雏鸭在出壳24h内，应先"开水"后"开食"，凉开水中添加2%~3%多维葡萄糖，2~5日龄饮雏安10g对25kg凉开水，自由饮水。连用3天，可提高育雏成活率。开食可将全价配合饲料撒在料盘中，让其自由采食。料盘和饮水器每天应洗刷干净。前14日龄喂全价颗粒料（粉碎玉米

60% 、蛋鸭浓缩料 40%），日喂 6 次，用饮水器饮水，用料槽喂料，喂料每次让雏鸭吃八分饱。15 ~ 21 日龄日喂 5 次。

②适时"开青""开荤"。"开青"即开始喂给青绿饲料。青料一般在雏鸭"开食"后 3 ~ 4 天喂给。雏鸭可吃的青饲料种类很多，如各种水草、青菜、苦荬菜等。一般将青料切碎单独喂给，也可拌在饲料中喂。"开荤"指开始喂给新鲜的"荤食"。一般在 5 日龄左右就可"开荤"，先以黄鳝、泥鳅为主，日龄稍大些以小鱼、螺蛳为主。

③放水和放牧。放水要从小开始训练，开始的前 5 天可与"开水"结合起来，雏鸭下水的时间，开始每次 10 ~ 20min，逐步延长，可以上午、下午各一次，随着适应水上生活，次数也可逐步增加。下水的雏鸭上岸后，要让其在无风而温暖的地方理毛，使身上的湿毛尽快干燥后，进育雏室休息。

雏鸭能够自由下水活动后，就可以进行放牧训练。放牧训练的原则是：距离由近到远，次数由少到多，时间由短到长。开始每天放牧两次，每次 20 ~ 30min。

④及时分群。雏鸭在"开水"前，根据出雏的迟早、强弱分开饲养。第二次分群是在"开食"以后，一般吃料后 3 天左右，可逐只检查，将吃食少或不吃食的放在一起饲养，适当增加饲喂次数，比其他雏鸭的环境温度提高 1 ~ 2℃。再是根据雏鸭各阶段的体重和羽毛生长情况分群。

**2. 育成鸭的饲养管理**

育成鸭是指 5 ~ 16 周龄或 18 周龄开产前的青年鸭，这个阶段称为育成期。育成期或中雏阶段是种鸭体格和生殖器官充分发育最重要的时期，其目的是培育出体质健壮的高产鸭群，控制好种鸭的体重，做到适时开产。

育成鸭可采用全放牧方式饲养和舍饲饲养。营养水平宜低不宜高，饲料宜粗不宜精，目的是使育成鸭得到充分锻炼，使蛋鸭长好骨架。尽量用青绿饲料代替精饲料和维生素添加剂，青绿饲料约占整个饲料量的30%~50%。

### 3. 产蛋鸭的饲养管理

从开产到淘汰的母鸭称为产蛋鸭,产蛋鸭可利用1~3年,第一年产蛋多且质量好,故圈养鸭利用年限多为1年。

产蛋初期(产蛋率50%以下)日粮蛋白质水平一般控制在15%~16%即可满足产蛋鸭的营养需要;进入产蛋高峰期(产蛋率70%以上)时,日粮中粗蛋白质水平应增加到19%~20%。母鸭开产后3~4周后即可达到产蛋高峰期,在饲养管理较好的情况下,产蛋高峰期可维持12~15周。

蛋鸭富于神经质,在日常的饲养管理中切忌使鸭群受到突然的惊吓和干扰,在鸭舍内不要大声喧哗,更不能手拿竹竿追赶,恐吓鸭群。平时应注意通风换气,每当鸭群戏水时要将鸭舍所有的窗子打开。冬要保暖夏要降温,尽量减少冷热应激对蛋鸭的不良影响,使蛋鸭生活在安静、舒适的环境中。一般要求每天的连续光照时间应达到16h,秋冬季节必须采取人工补充光照。同时还要在每间鸭舍内安装2只3~5W灯泡照明,以免关灯后引发惊群。

### (二) 商品肉鸭养殖

根据商品肉鸭的生理和生长发育特点,饲养管理一般分为雏鸭期(0~3周龄)和生长肥育期(22日龄至上市)两个阶段。

### 1. 雏鸭的饲养管理

(1)提供适宜的环境条件。主要掌握好育雏期的温度、湿度、光照、通风换气、饲养密度等。接雏时鸭舍温度为30℃,以后均匀下降,每2~3天降1℃,直至20℃,恒温到出栏。舍内湿度第一周以60%为宜,有利于雏鸭卵黄的吸收,随后由于雏鸭排泄物的增多,应随着日龄的增长降低湿度。适当进行通风换气,保持鸭舍内空气清新。出壳后2~3天,采用24h连续光照,3天以后，每天光照23h，黑暗1h，直到第2周结束。也可采用自然光照，即3日龄后利用白天的自然光照明，早晚适当开灯喂料。1~2周龄时，每20m²提供15~30W的灯泡照明。雏鸭的饲养密度见表6-12。

表6-12 雏鸭的饲养密度 （单位：只/m²）

| 周龄 | 地面垫料饲养 | 网上饲养 |
|---|---|---|
| 1 | 15~20 | 25~30 |
| 2 | 10~15 | 15~25 |
| 3 | 7~10 | 10~15 |

（2）尽早饮水和开食。雏鸭进入育雏舍后，就应供给充足的饮水。一般采用直径为2~3mm的颗粒料开食，第一天可把饲料撒在塑料布上，以便雏鸭学会吃食，做到随吃随撒，第二天后就可改用料盘或料槽喂料。

（3）饮喂方法和次数。饲料有粉料和颗粒料两种类型。粉料先用水拌湿，可增进食欲，每次投料不宜太多，否则易引起饲料的变质变味。使用颗粒料效果较好，可减少浪费，在食槽或料盘内应保持昼夜均有饲料，做到少喂勤添，随吃随给，保证饲槽内常有料，余料又不过多。

**2. 生长—肥育期的饲养管理**

（1）饲养方式。由于鸭体驱较大，其饲养方式多为地面饲养。随着鸭体驱的增大，应适当降低饲养密度。适宜的饲养密度为：4周龄7~8只/m²，5周龄6~7只/m²，6周龄5~6只/m²。

（2）喂料及喂水。应注意添加饲料，但食槽内余料又不能过多，随时保持有清洁的饮水。

（3）垫料的管理。由于采食量增多，其排泄物也增多，应加强舍内和运动场的清洁卫生管理，每日定期打扫，及时清除粪便，保持舍内干燥，防止垫料潮湿。

（4）上市日龄。商品肉鸭一般6周龄活重达2.5kg以上，7周龄可达3kg以上，饲料转化率以6周龄最高，因此，在42～45日龄为其理想的上市日龄。

# 六、鹅高效养殖技术

## （一）雏鹅的饲养管理

雏鹅是指从出壳至4周龄的鹅。

### 1. 育雏方式

按育雏设备可分为垫草平养、网上平养和笼养；按温度来源可分为给温育雏与自温育雏两种。

### 2. 雏鹅的饲养

（1）开水和开食。雏鹅出壳后第一次饮水称"开水"或"潮口"。雏鹅出壳24h左右，当大多数雏鹅站立走动、伸颈张嘴、有啄食欲望时，就可进行开水。水温以25℃为宜，可用0.05%高锰酸钾液或5%～10%的葡萄糖水。"开水"后即可开食。开食料，可用配合饲料或颗粒饲料搭配切细的嫩青绿饲料，精饲料与青绿料比为1：2。开食方法是将配制好的开食饲料撒在塑料布上或小料槽内，引诱雏鹅自由吃食。

（2）合理饲喂。1～3日龄雏鹅吃料较少，每天喂4～5次；4～10日龄，每天喂7～8次，日粮的混合比例一般为精料30%～40%，青料60%～70%；11～20日龄，以喂青料为主，日粮混合比例为精料10%～20%，青料80%～90%，每天喂6次。

雏鹅期的饲料多用玉米、碎米、花生饼加青菜、水草等调剂饲喂。精料参考配方：玉米65%、麦麸8%、花生饼25%、骨粉1.6%、食盐0.4%。日粮营养水平：代谢能12.13MJ/kg，粗蛋白质19.3%。

（3）放牧。放牧时间，冬季、早春 21 日龄后，部分羽毛开始翻白；其他季节，外界气温与育雏室内气温接近时 10 日龄后即可进行放牧。初次放牧天气，冬季早春择风和日丽时进行。放牧场地要求草嫩、无疫情、无污染、有饮水源。严禁在被农药污染过的草地放牧，雷雨、太阳、烈日、露水未干时不放牧，同时雏鹅放牧应注意迟放早归。

**3. 雏鹅的管理**

（1）保温。因雏鹅调节体温能力差，一般出壳后随季节、气候不同，需人工保温 3～4 周。第一周育雏室温度 26～28℃，以后每周下降 2～3℃直至降到 18℃时开始逐步脱温。

（2）防湿。湿度过大，雏鹅容易受凉，导致伤风感冒，下痢。要求相对湿度为 60%～65%。每天更换垫草一次，还要防止饮水外溢，并在保证育雏温度的前提下，注意通气换气，以保持舍内干燥。

（3）密度。注意控制饲养密度，1～5 日龄，25～20 只/m²；6～10 日龄，20～15 只/m²；11～15 日龄，15～12 只/m²；16～20 日龄，12～8 只/m²；20 日龄以后，密度逐渐降低。

（4）分栏。雏鹅因种蛋、孵化技术等多种因素影响，同期出壳的雏鹅强弱大小差异仍不小，因此，必须根据雏鹅的大小，强弱进行分群，分栏饲养，每栏以 25～30 只为宜，对弱群要加强饲养管理，提高整齐度。

（5）放水。在放牧的同时开始放水，初次放水要求将雏鹅赶到清洁的浅水塘中，任其自由下水几分钟，再赶上岸，待梳理绒毛，毛干后再赶回舍；注意不要强迫下水，以防风寒感冒。

（6）卫生防害。搞好环境消毒和卫生很重要，饲料要新鲜，垫草要经常更换，保持清洁干燥、卫生；同时要防鼠、狗等伤害，减少应激，严禁在育雏室内大声喧哗和粗暴操作，室内电灯不能太亮，只要能看到饮水、喂料即可。

### （二）中雏鹅的饲养管理

中雏鹅是指 5 周龄至育肥前的鹅。

#### 1. 饲养

中雏鹅的饲养采用以放牧为主、补料为辅的饲养方式。放牧场地不仅要有丰盛的青草，附近又要有清洁水塘，树荫或其他遮阳物，便于鹅随时能饮到清水和有良好的休息环境。

为了促进鹅的快速生长和更换羽毛，除放牧外，还需适当的补喂精料，以促使骨骼、肌肉的生长，防止发育不良和软脚病。参考精料配方：玉米 45%，米糠 20%，花生饼 19%，麦皮 13%，贝壳粉 1.6%，骨粉 1%，食盐 0.4%。营养水平：代谢能 10.46MJ/kg，粗蛋白 16.7%。

每天补喂次数和数量应根据鹅的日龄、增重快慢、牧草质量和采食量灵活掌握。若不放牧，可实行圈养，每天供应每只鹅青绿饲料 0.5 ~ 1kg，精料 0.2kg。在运动场的一边设置人工水池，供鹅每天下水游泳，以利于生长发育。水要经常更换以保持清洁。

#### 2. 管理

主要是放牧管理，应选好牧地，有计划地放牧。一般在下午就应找好次日的放牧场地，不走回头路，以达到鹅群吃饱喝足的目的。鹅每吃一顿草后，便会自动停止采食，此时应进行放水，水塘最好能经常更换，每次放水约半小时，上岸休息 40 ~ 50min，再继续放牧。

放牧和收牧都要对鹅群进行观察，发现病鹅应及时隔离和治疗。天热时早出晚归，天凉时晚出早归。归牧时，要进行补料。鹅舍、饲槽、水盆等要经常保持清洁卫生和定时消毒，鹅群要适时接种有关疫（菌）苗，做好各种疫病的预防工作。

规模化集约养鹅，放牧场地受到限制，一般采用栏舍饲养。

舍饲养鹅要多喂青绿饲料。解决青绿饲料来源的最佳途径是种植牧草。舍饲时，要保持饮水池的清洁卫生，勤换鹅舍垫草，勤打扫运动场。舍饲育成鹅的饲料以青绿饲料为主，精、粗饲料合理搭配。运动场内需堆放砂粒，供鹅选食。尽量扩大运动场面积，使鹅能有较充足的运动场地。

**3. 仔鹅上市前的肥育**

中雏鹅养成后，应短期育肥。以放牧为主饲养的中雏鹅，骨架较大，但胸部肌肉不丰满、膘度不够、出肉率低、稍带些青草味，经短期肥育，可改善肉质，增加肥度，提高产肉量。一般可利用收割后的麦地、稻田放牧肥育，或在光线较暗的鹅舍内舍饲肥育，每天喂以玉米、稻谷、大麦等精料，一般每只鹅每天喂400g左右，经8～10天肥育后出售。舍饲肥育，饮水应充足，光线要暗些，适当供给青饲料。

**（三）后备种鹅的饲养管理**

后备种鹅是指70日龄以后至产蛋或配种之前，准备留作种用的鹅。

**1. 生长阶段饲养**

青年鹅80日龄左右开始换羽，经30～40天换羽结束。此时的青年鹅仍处于生长发育阶段，不宜过早粗饲，应根据放牧场地的草质，逐步降低饲料营养水平，使青年鹅体格发育完全。

**2. 控制饲养阶段**

后备种鹅经第2次换羽后，应供给充足的饲料，经50～60天便开始产蛋。此时，鹅身体发育远未完全成熟，群内个体间常会出现生长发育不整齐，开产期不一致等现象。故应采用控制饲养措施来调节母鹅的开产期，使鹅群比较整齐一致地进入产蛋期。公鹅第二次换羽后开始有性行为，为使公鹅充分成熟，120日龄起，公、母鹅应分群饲养。

在控制饲养期间，应逐渐降低饲料营养水平，日喂料次数由3次改为2次，尽量延长放牧时间，逐步减少每次喂料量。控制饲养阶段，母鹅的日平均饲料用量一般比生长阶段减少50%～60%。饲料中可添加较多的填充粗料（如粗糠），以锻炼鹅的消化能力，扩大食管容量。后备种鹅在草质良好的草地放牧，可不喂或少喂精料。弱鹅和伤残鹅等要及时挑出，单独饲喂和护理。

**3. 恢复饲养阶段**

经控制饲养的种鹅，应在开产前30～40天进入恢复饲养阶段。此期应逐渐增加喂料量，让鹅恢复体力，促进生殖器官发育，补饲定时不定量，饲喂全价饲料。

在开产前，要给种鹅服药驱虫并做好免疫接种工作。根据种鹅免疫程序，及时接种小鹅瘟、禽流感、鹅副黏病毒病和鹅蛋子瘟等疫苗。

**（四）产蛋期种鹅饲养管理**

母鹅的产蛋时间大多在下半夜至上午10时以前，故产蛋母鹅上午10时前不要出牧。产蛋鹅的放牧地点应选在鹅舍附近，以便于母鹅及时回舍产蛋，避免在野外产蛋。鹅产蛋时有择窝的习性，形成习惯后不易改变，为便于管理，提高种蛋质量，必须训练母鹅在种鹅舍内的产蛋窝产蛋。初产母鹅还不会回窝产蛋，发现其在牧地产蛋时，应将母鹅和蛋一起带回产蛋间，放在产蛋窝内，用竹箩盖住，逐步训练鹅回窝产蛋。放牧时，若母鹅神态不安、急于找窝（如匆忙向草丛或隐蔽的场所走去），应予检查。早上放牧前要检查鹅群，发现鹅有鸣叫不安、腹部饱满、尾羽平伸、行动迟缓、不肯离舍等现象时，应捉住检查，如有蛋，就不要随群放牧。

**（五）休产期种鹅饲养管理**

鹅的产蛋期一般只有5～7个月，还有4～5个月都是休产期。

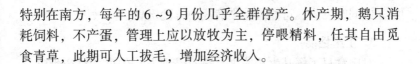

特别在南方，每年的 6～9 月份几乎全群停产。休产期，鹅只消耗饲料，不产蛋，管理上应以放牧为主，停喂精料，任其自由觅食青草，此期可人工拔毛，增加经济收入。

# 七、禽病诊断与防治技术

## （一）病情调查

一旦发生疾病，技术人员就应和一线饲养员密切配合，了解饲养管理的各个具体细节，如禽群的基本情况，发病日龄、病程、发病率、死亡率，症状，诊断史，治疗史（用什么药、用量、服法、疗程），免疫接种情况（接种了何种疫苗、日龄、剂量、途径等），饲料、饮水、季节：喂何种饲料，发病前后有否换料等。全面地掌握和了解疫病或疾病病情状况，以便及时确诊，采取对应措施，减少因疾病或者疫病导致的经济损失。

### 1. 发病时间调查

询问家禽何时生病、病了几天，如果发病突然，病程短急，可能是急性传染病或中毒病，如果发病时间较长则可能是慢性病。再如，禽群发病日龄不同，可提示不同疾病的发生：各种年龄的家禽均发，且发病率和死亡率都较高，可提示新城疫、禽流感、鸭瘟及中毒病；1 月龄内雏禽大批发病死亡，可能是沙门氏菌，大肠杆菌，法氏囊炎，肾传支等，如果伴有严重呼吸道症状可能是传支，慢性呼吸道病，新城疫、禽流感等；若雏鸭大批死亡，多为鸭病毒性肝炎，沙门氏菌感染，成年鸭大批发病多为鸭瘟，流感，禽霍乱或鸭传染性浆膜炎等；若雏鹅大批发病，多为小鹅瘟，球虫病，副黏病毒感染，成鹅大批发病，多为大肠杆菌引起的卵黄性腹膜炎，流感或霍乱等。

### 2. 发病数量

病禽数量少或零星发病，则可能是慢性病或普通病，病禽数量多或同时发病，可能是传染病或中毒性疾病。

### 3. 生产性能

对肉禽只了解其生长速度，增重情况及均匀度，对产蛋鸡应观察产蛋率，蛋重，蛋壳质量，蛋壳颜色等。

### 4. 生产记录

包括饮水、食料量、死亡数和淘汰数，一月龄的育成率，肉鸡成活率，平均体重、肉料比、蛋鸡的育成率、体重、均匀度及与标准曲线的比较，母禽开产周龄、产蛋率、蛋重及与标准曲线的比较等。

### 5. 饲养管理情况

发病前后采食，饮水情况，禽舍内通风及卫生状况等是否良好。如饲养方式，是平养、离地网养或笼养，平养垫料是否潮湿，如何供料、供水，粪便、垫料如何清理等。饮水的来源和卫生，水源是否充足，是否缺水、断水。育雏是采用多层笼或单层平养，是地下保温还是地上保温，热源来源（煤气、煤、柴或炭），种苗来源、运输过程中是否有失误，何时饮水和开食，何时断喙。种鸡采用哪种产蛋箱，卫生状况如何，集蛋万法及次数，种蛋的保存温度、湿度、是否消毒，种蛋的大小、形状，蛋壳颜色、光滑度，有无畸形蛋，蛋白、蛋黄和气室等是否有异常等。孵化房的位置，孵房内温度和湿度是否恒定，孵化机的种类和性能如何，孵化记录，受精率，入孵蛋及受精蛋的孵化率，啄壳和出壳的时间，一日龄幼雏的合格率等。

### 6. 用药情况

本场曾使用过何种药物，剂量和用药时间，是逐只喂药还是群体投药，经饮水、饲料或注射给药，用药效果如何，过去是否曾使用过类似的药物，过去使用该种药物时，禽群是否有不正常的反应。

### 7. 流行病学调查

对可疑是传染性疾病的，除进行一般调查外，还要进行流行病学调查，包括现有症状，既往病史，疫情调查，平时防疫措施落实情况等。具体如下。

①本次发病家禽的种类，群（栏舍）数，主要症状及病理变化，作过何种诊断和治疗，效果如何？

②了解既往病史，曾发生过什么疾病，有无类似疾病发生其经过及结果如何等情况，由何部门作过何种诊断，采用过什么防治措施，效果如何。借以分析本次发病和过去发病的关系。如过去发生大肠杆菌、新城疫、而为对禽舍进行彻底的消毒，禽也未进行预防注射，可考虑旧病复发。

③调查附近的家禽养殖场的疫情，调查附近家禽场（户）是否有与本场相似的疫情，若有可考虑空气传播性传染病，如新城疫、流感、鸡传染性支气管炎等。若禽场饲养有两种以上禽类，单一禽种发病，则提示为该禽的特有传染病，若所有家禽都发病，则提示为家禽共患的传染病，如霍乱、流感等。

④调查引种情况，有许多疾病是引进种禽（蛋）传递的，如鸡白痢、霉形体病、禽脑脊髓炎等。进行引种情况调查可为本地区疫病的诊断线索。若新进带菌、带病毒的种禽与本地禽群混养，常引起新的传染病暴发。

⑤平时的防疫措施落实情况，了解禽群发病前后采用何种免疫方法、使用何种疫苗。按计划应接种的疫苗种类和时间，实际完成情况，是否有漏接。疫苗的来源、厂家、批号，有效期及外观质量如何。疫苗在转运和保存过程中是否有失误，疫苗的选择是否合适。疫苗稀释量、稀释液种类及稀释方法是否正确，稀释后在多长时间内用完。采用那种接种途径，是否有漏接错接，免疫效果如何，是否进行免疫监测，有什么原因可引起免疫失败等。这可获得许多对诊断有帮助的第一手资料，利于作出正确诊断。

### 8. 饲料情况调查

自配饲料或从饲料厂购进，质量如何，饲料是否有霉变结块等。对可疑营养缺乏的禽群要对饲料进行检查，重点检查饲料中能量、粗蛋白、钙、磷等情况，必要时对各种维生素、微量元素和氨基酸等进行成分分析。

### 9. 中毒情况调查

若饲喂后短时间内大批发病，个体大的禽只发病早、死亡多，个体小的禽只发病晚、死亡少，可怀疑是中毒病。要对禽群用药进行调查，了解用何种药物，用量，药物使用时间和方法，是否有投毒可能，舍内是否有煤气，饲料是否发霉等。对于放牧禽群，应了解牧地是否放养过病的禽群，是否施放过农药等。

### 10. 养禽场的地理位置与布局

附近是否有养禽场、畜禽加工厂或市场，是否易受冷空气和热应激的影响，排水系统如何是否容易积水等。场内各建筑物的布局是否合理：育雏区、种鸡区、孵化房、对外服务部的位置及彼此间的距离，开放式或密闭式鸡舍，如何通风、保温和降温，卫生状况如何，采用何种照明方式。

### （二）禽病鉴别

**鸡腹泻性疾病的鉴别诊断**

| 病名 \ 项目 | 病原 | 流行特点 | 主要临诊症状 | 主要特征病变 | 实验室诊断 | 防治 |
|---|---|---|---|---|---|---|
| 鸡白痢 | 鸡白痢沙门菌 | 2周龄内多见，发病死亡率均高，急性。垂直传播 | 闭目昏睡，粪便浆糊样，堵在肛门周围；成鸡为慢性，贫血拉稀，产蛋下降，卵黄性腹膜炎而呈"垂腹" | 肝、脾和肾肿大充血；卵黄吸收不良，呈奶油状；心肌、肌胃、肺脏、和肠道有白色坏死 | 确诊依靠细菌鉴定抗体测定 | 检疫淘汰阳性鸡，药敏试验指导用药 |

（续表）

| 项目<br>病名 | 病原 | 流行特点 | 主要临诊症状 | 主要特征病变 | 实验室诊断 | 防治 |
|---|---|---|---|---|---|---|
| 禽副伤寒 | 沙门氏菌 | 1~2月龄青年鸡多见 | 主要表现为水泻样下痢 | 出血性肠炎,盲肠有干酪样物;肝、脾有坏死灶 | 同上 | 同上 |
| 鸡伤寒 | 沙门氏菌 | 成年鸡多见 | 黄绿色稀粪 | 肝、脾肿大、淤血,肝青铜色,有坏死灶 | 同上 | 同上 |
| 大肠杆菌病 | 大肠杆菌 | 大小禽类均可感染发病,多与其他疾病并发或继发 | 神郁、不食、厌动、呼吸困难、眼炎、呆立、闭目,拉灰白或绿色稀粪,病程3~4d,病死率5%~20%不等 | 败血症、气囊炎、肝周炎、心包炎、卵黄性腹膜炎、眼炎、关节炎、脐炎、肺炎及肉芽肿 | 细菌学检查 | 广谱抗生素有效,最好做药敏试验 |
| 法氏囊病 | 囊病病毒 | 只鸡感染发病,4~6周龄最易感,发病急,死亡快 | 病初啄肛现象严重,排白色稀粪或蛋青样稀粪,内含细石灰渣样物质,干后呈石灰样 | 法氏囊肿大、出血、水肿,后期萎缩;肌肉出血,花斑肾,肌胃和腺胃交界处有横向出血点或出血斑 | 病毒分离鉴定;琼脂扩散;RT-PCR等 | 疫苗有效,高免卵黄抗体治疗有效 |
| 新城疫 | 新城疫病毒 | 各种年龄的易感禽类均可发病,以幼禽易感 | 精神沉郁,呼吸困难,嗉囊积液,倒提病鸡有大量酸臭液体从口中流出,下痢,粪便稀薄,呈黄绿色或黄白色,神经症状明显 | 腺胃乳头出血,肠道黏膜有枣核样溃疡,盲肠扁桃体肿大出血、坏死、溃疡 | 病毒分离鉴定;血清学试验 | 抗体监测,合理免疫,正确选择疫苗 |
| 禽霍乱 | 巴氏杆菌 | 成年鸡多发,尤其是高产母鸡,多散发 | 体温43℃以上,呆立或伏卧,闭目打盹,不食,张口呼吸,不断吞咽,甩头,鸡冠发紫肿胀,拉黄白、绿色稀粪,病程短,病死率90%以上 | 败血症,肝脏针尖大坏死点,十二指肠出血并充满红色内容物,心包炎并积满纤维素性的黄色液体 | 涂片镜检分离培养鉴定、小白鼠接种 | 广谱抗生素有效 |

## 鸡呼吸道疾病的鉴别诊断

| 项目<br>病名 | 病原 | 流行特点 | 主要临诊症状 | 主要特征病变 | 实验室诊断 | 防治 |
|---|---|---|---|---|---|---|
| 新城疫 | 新城疫病毒 | 各种鸡均易感，发病急传播，发病死亡率极高 | 精神高度沉郁，呼吸困难，嗉囊积液有波动感，倒提病鸡有大量酸臭液体从口中流出，下痢，粪便稀薄，呈黄绿色或黄白色，神经临诊症状明显 | 食道和腺胃及腺胃和肌胃交界处可见出血带或出血斑；腺胃乳头出血，肠黏膜枣核样溃疡，盲肠扁桃体出血、坏死 | 病毒分离鉴定；血清学试验 | 抗体监测，选择合理免疫疫苗 |
| 禽流感 | A型流感病毒 | 不同品种和日龄的禽类均可感染，高致病性禽流感发病急、传播快、致死率可达100% | 发病突然，羽毛蓬松，食欲废绝，精神极度沉郁，呆立，闭目，对刺激无反应冠髯发绀，流泪，头颈部水肿，呼吸高度困难，不断吞咽，口流黏液，叫声沙哑，拉黄白、黄绿或绿色稀粪，后期两腿瘫痪，病程1～3d，致死率可达100%，低致病性禽流感临诊症状较复杂，表现为不同程度的呼吸道、消化道症状，以产蛋量下降或隐性感染为主，很少死亡 | 皮下、浆黏膜及各组织器官广泛出血，输卵管有黏液或干酪样物或成熟卵子，肠道有大量枣核样坏死，盲肠扁桃体和胰脏出血坏死，头部水肿，肾肿大尿酸盐沉积，法氏囊肿大有黏液，低致病禽流感呼吸道及生殖道有黏液或干酪样物，输卵管柔软易碎，有成熟卵子堆积 | 分离病毒琼扩试验血凝抑制试验 | 综合性防治措施 |
| 支气管炎(呼吸道型) | 冠状病毒 | 只感染鸡，各年龄均易感，五周龄内感染后危害严重 | 沉郁、减食、垂翅、低头、嗜睡，呼吸困难、张口、伸颈、喷嚏、咳嗽、流泪、流鼻涕、气管啰音鼻窦及眶下窦肿胀窒息而死，渐瘦、发育不良，病程1～2周 | 气管和支气管有黏条状或干酪样渗出物鼻腔及上部气管也可看到浆液或黏性渗出物气囊混浊，支气管周围可见局灶性炎症，肾病变型主要表现"花斑肾"，尿酸盐沉积 | 分离鉴定病毒血清学诊断 | 无特效药物治疗 |

（续表）

| 项目<br>病名 | 病原 | 流行特点 | 主要临诊症状 | 主要特征病变 | 实验室诊断 | 防治 |
|---|---|---|---|---|---|---|
| 喉气管炎 | 疱疹病毒 | 成年鸡易感，传播快，感染率高，一般病死率较低 | 呼吸困难、咳嗽、喘息、打喷嚏、流泪、结膜炎，鼻腔有分泌物、啰音、咳出带血黏液、张口呼吸、蹲伏伸颈、鸡冠发紫、拉稀粪，窒息而死，产蛋下降或停止 | 喉头和气管肿胀出血，有黏条状分泌物堵塞，有时可见干酪样渗出物或凝血块，产蛋鸡可见卵黄性腹膜炎 | 分离病毒检查包涵体和血清学诊断 | 弱毒苗效果不佳，对症治疗 |
| 慢性呼吸道病 | 鸡毒支原体 | 雏鸡易感，可经蛋传播，寒冷季节多发 | 浆液性或黏液性鼻液，呼吸困难，喷嚏、咳嗽，喘气，呼吸道啰音，眼部肿胀 | 鼻道、气管、支气管和气囊有混浊黏稠或干酪样的渗出物，呼吸道黏膜水肿、充血、增厚。伴有肺炎 | 病原鉴定血清学检查 | 免疫接种；抗生素治疗 |
| 曲霉菌病 | 曲霉菌 | 4～12日龄禽最易感，急性群发，潮湿引起 | 急性病禽多伏卧、拒食，呼吸困难，气管啰音，但无明显的"咯咯"音，闭目昏睡，个别有神经症状，成年禽慢性散发 | 典型病例可多在肺部发现粟粒，大至黄豆大，黄白色或灰黄色结节，中心为干酪样坏死组织，含大量菌丝 | 微生物学检查 | 无特效疗法，注意防霉 |
| 传染性鼻炎 | 鸡副嗜血杆菌 | 中鸡易感，发病急传播快，感染率高，死亡率低 | 减食、产蛋下降、呼吸困难、咳嗽、喷嚏、张口呼吸、啰音、摇头，流泪、眼睑水肿、眼内及窦内有干酪样物质，双目闭锁，头部肿大 | 主要在窦腔。内有淡黄色干酪样渗出物。气囊炎、肺炎和卵泡变性、坏死或萎缩 | 病原分离鉴定血清学诊断 | 抗生素和磺胺类药物有效 |

## 有神经症状鸡病的鉴别诊断

| 项目<br>病名 | 病原 | 流行特点 | 主要临诊症状 | 主要特征病变 | 实验室诊断 | 防治 |
|---|---|---|---|---|---|---|
| 脑脊髓炎 | 禽脑脊髓炎病毒 | 仅鸡发病，10～12日龄雏鸡为高发期，经蛋传播 | 共济失调，伏地或侧卧，头、颈震颤，发病急，发病率低，多数病鸡不死但失明，蛋鸡表现短期、低幅度产蛋下降 | 无肉眼可见病理变化 | 分离病毒琼扩试验 | 检疫淘汰种鸡或接种疫苗 |
| 马立克氏病 | 疱疹病毒 | 2周龄以内的雏鸡易感，2～4月龄鸡出现临诊症状 | 特征症状是劈叉姿势，亦有跛行、瘫痪，还有垂翅或斜颈，均为不可逆性，消瘦、贫血，体重极轻，羽毛蓬松干燥无润泽 | 外周神经如坐骨神经等肿胀、苍白如水煮样，横纹消失，有大小不同的结节，常一侧重，内脏可见肿瘤 | 琼扩试验 | 无法治疗，免疫接种 |
| 新城疫 | 新城疫病毒 | 各种年龄均易感，发病急传播快，发病率和死亡率极高 | 精神沉郁，呼吸困难，嗉囊积液有波动感，倒提病鸡有大量酸臭液体从口中流出，下痢，粪便稀薄，呈黄绿色或黄白色，阵发性勾头转圈 | 喉头、腺胃乳头、十二指肠、泄殖腔黏膜出血，肠道黏膜有枣核样溃疡，盲肠扁桃体肿大出血、坏死、溃疡，卵子充血、出血 | 病毒分离鉴定；血清学试验 | 抗体监测，制定合理免疫程序 |
| 高致病性禽流感 | 流感病毒 | 不同品种和日龄的禽类均可感染，高致病性禽流感发病急，传播快，发病致死率可达100% | 突然发病，羽毛蓬松、不食，精神极差，闭目呆立，对刺激无反应流泪，头颈部水肿发绀，呼吸困难，不断吞咽，口流黏液，叫声沙哑，拉稀，瘫痪，头颈上下摆动，病程1～3d | 头颈部水肿，皮下、各组织器官广泛出血，输卵管有黏液或干酪样物或鸡蛋，肠道尤其小肠壁有大量黄豆至蚕豆大出血斑或坏死灶（枣核样坏死）盲肠扁桃体和胰脏肿胀、出血坏死，肾肿大，尿酸盐沉积，法氏囊肿大有黏液，低致病性禽流感呼吸道及生殖道有较多黏液或干酪样物，输卵管和子宫柔软易碎，有数量不等的成熟卵子聚集 | 鉴定病原琼扩试验，血凝抑制试验 | 综合性防治措施 |

## 引起禽类产蛋下降疾病的鉴别诊断

| 项目<br>病名 | 病原 | 流行特点 | 主要临诊症状 | 主要特征病变 | 实验室诊断 | 防治 |
|---|---|---|---|---|---|---|
| 非典型新城疫 | 新城疫病毒 | 各种年龄均易感发病，发病急，传播快，发病率、死亡率较低 | 下痢，粪便稀薄，轻度呼吸道症状，产蛋明显下降，幅度为 10%～30%，软壳蛋增多，蛋壳褪色，数月后方可恢复正常 | 无 | 病毒分离鉴定；血清学试验 | 抗体监测，制定合理免疫程序 |
| 传染性支气管炎 | 冠状病毒 | 仅见于鸡，不分年龄，但 5 周龄内雏鸡感染后发病最严重，成鸡产蛋异常 | 鸡群表现轻度呼吸道症状，主要表现产蛋量明显下降，持续 4～8 周，产畸形蛋、软壳蛋、粗壳蛋，蛋清变稀呈水样，蛋黄和蛋清分开，产蛋鸡幼龄时感染传支可形成永久性的输卵管损伤，外观健康但不产蛋 | 很少死亡，输卵管发育不全 | 分离鉴定病毒，血清学诊断 | 无特效药物治疗 |
| 产蛋下降综合征 | 禽腺病毒 | 只有鸡发病，主要感染开产前后母鸡，消化道或垂直传播 | 突出症状是产蛋突然下降，一周左右可下降 20%～50%，蛋色变浅，蛋壳粗糙，产畸形蛋、软壳蛋、薄壳蛋可达 15%～20%。病程 1～3m，无死亡发生 | 因无死亡，故无明显病变，剖杀可见生殖道轻微炎症及萎缩性变化 | 血清学诊断，病毒分离鉴定 | 无法治疗，灭活苗预防 |
| 传染性鼻炎 | 副鸡嗜血杆菌 | 4 周龄以上鸡最易感，发病急，传播快，感染率高，死亡率低 | 减食，头部肿胀，呼吸困难，咳嗽，喷嚏、张口呼吸，啰音、摇头、流泪、眼睑水肿、眼及窦内有干酪样物质，开产蛋鸡则产蛋明显下降 | 主要在窦腔有干酪样渗出物，气囊炎、肺炎和卵泡变性坏死或萎缩 | 病原分离鉴定；血清学诊断方法 | 多种抗生素和磺胺类有效 |

（续表）

| 病名 | 病原 | 流行特点 | 主要临诊症状 | 主要特征病变 | 实验室诊断 | 防治 |
|---|---|---|---|---|---|---|
| 禽流感 | A型流感病毒 | 不同品种和日龄的禽类均可感染，发病急、传播快，高致病性禽流感致死率可达100% | 发病突然，羽毛蓬松，食欲废绝，产蛋停止，精神极度沉郁，呆立，闭目，对刺激无反应，冠髯发绀，流泪，头颈部水肿，呼吸高度困难，不断吞咽，口流黏液，叫声沙哑，拉黄白、黄绿或绿色稀粪，后期两腿瘫痪，病程1~3d，致死率可达100%，低致病性禽流感临诊症状较复杂，表现为不同程度的呼吸道、消化道症状，以产蛋量下降为主，很难恢复，很少死亡 | 皮下、浆黏膜及各组织器官广泛出血，输卵管有黏液或干酪样物或成熟卵子，肠道特别是小肠壁有大量黄豆至蚕豆大出血斑或坏死灶（枣核样坏死）盲肠扁桃体和胰脏肿胀出血坏死，头颈部水肿，肾肿大尿酸盐沉积，法氏囊肿大有黏液，低致病性禽流感呼吸道及生殖道有较多黏液或干酪样物，输卵管和子宫柔软易碎，有数量不等的成熟卵子 | 分离病毒琼扩试验，血凝抑制试验 | 综合性防治措施 |
| 传染性喉气管炎 | 疱疹病毒 | 成年鸡易感，传播快，感染率高，一般病死率较低 | 呼吸困难、张口、伸颈、咳、喘、喷嚏、流泪、结膜炎，鼻腔有分泌物、啰音、咳出带血黏液、鸡冠发紫、拉稀粪、窒息而死，产蛋下降或停止，恢复较慢 | 喉头和气管的肿胀出血，有黏条状分泌物堵塞，有时可见干酪样渗出物或凝血块，产蛋鸡可见卵黄性腹膜炎 | 分离病毒检查包涵体和血清学诊断 | 弱毒苗效果不佳，对症治疗 |

## 鸡肿瘤性疾病的鉴别诊断

| 项目<br>病名 | 病原 | 流行特点 | 主要临诊症状 | 主要特征病变 | 实验室诊断 | 防治 |
|---|---|---|---|---|---|---|
| 马立克氏病 | 疱疹病毒 | 2周龄以内的雏鸡易感，2~4月龄鸡出现临诊症状 | 劈叉姿势，跛行或瘫痪，一侧重、一侧轻，垂翅或斜颈，均为不可逆性。迷走神经受损时则嗉囔膨胀、呼吸困难、腹泻。病程较长者则表现消瘦、贫血，体重极轻，羽毛蓬松干燥无润泽。但病鸡精神一般良好 | 神经型：外周神经如坐骨神经等可见明显肉眼变化，表现肿胀、苍白如水煮样，横纹消失，有时大小不同的结节，使神经支变得粗细有均。内脏型：剖开腹腔可见各脏器发生的肿瘤 | 琼扩试验 | 冻干苗和液氮苗，效果较好 |
| 禽白血病 | 禽白血病/劳氏肉瘤病毒群病毒 | 鸡是该群病毒中所有病毒的自然宿主，尤以肉鸡最易感。经卵垂直传播是主要传播方式 | 该病毒群引起的肿瘤种类很多，但总体来看，病鸡无特异性的临诊症状，部分患有肿瘤的鸡表现消瘦，头部苍白，肝部肿大而导致其腹部增大，产蛋量降低 | 肝肿大，可看到黄豆大的灰白色肿瘤结节，表面扁平或圆形，与周围界限明显，脾脏肿大，呈灰棕色或紫红色，表面和切面可许多灰白色肿瘤病灶，法式囊肿大，卵巢为灰白色，整体外观呈菜花状 | 主要是分子生物学方法 | 药物治疗及免疫接种的效果不佳，主要检疫淘汰阳性种鸡 |
| 禽网状内皮组织增生症 | 网状内皮组织增殖病毒群 | 自然宿主众多，鸡和火鸡最易感，尤以鸡胚及新孵出的雏鸡，感染后可引起严重的免疫抑制或免疫耐受。可垂直传播 | 临诊症状出现迅速，几乎见不到临诊症状即已死亡，病死率高达100% | 病禽可见肝、脾肿大，伴有局灶性或弥漫性浸润病理变化 | 病原学检查、血清学检查等 | 目前尚无特异性防治方法 |

## （三）常见禽病的预防

### 肉鸡免疫程序

| 日龄 | 疫苗品种 | 接种方法 | 目的 |
|---|---|---|---|
| 7 日龄 | 新城疫疫苗 | 点眼或滴鼻 | 预防新城疫和传支 |
| 14 日龄 | 法氏囊疫苗 | 饮水（2 倍量） | 预防肉鸡法氏囊病 |
| 21 日龄 | 鸡新城疫疫苗 | 饮水（2 倍量） | 预防鸡新城疫和传支 |
| 28 日龄 | 法氏囊疫苗 | 饮水（2 倍量） | 预防肉鸡法氏囊病 |

### 蛋鸡免疫程序

| 日龄 | 疫苗品种 | 接种方法 | 目的 |
|---|---|---|---|
| 1 日龄 | 马立克氏病双价苗 | 颈部皮下注射 | 预防马立克氏病 |
| 7 日龄 | Ⅳ系苗 | 滴鼻 | 预防新城疫 |
| 11 日龄 | H120 | 滴口、滴鼻 | 预防传染性支气管炎 |
| 14 日龄 | 中等毒力疫苗 | 滴口 | 预防法氏囊炎 |
| 18 日龄 | 灭活苗 | 肌肉注射 | 预防传染性支气管炎 |
| 22 日龄 | 法氏囊炎疫苗 | 饮水 | 预防法氏囊炎 |
| 27 日龄 | 活疫苗与灭活苗 | 新城疫活苗 2 头份饮水，新城疫油乳剂苗 0.2ml 肌肉注射。在接种新城疫苗同时用鸡痘苗于翅膀下穿刺接种 | 预防新城疫、鸡痘 |
| 50 日龄 | 鸡传染性喉气管炎活疫苗 | 滴鼻、滴口、滴眼 | 预防传染性喉气管（没有发生的鸡场不用） |
| 60 日龄 | 新城疫—传染性支气管炎油乳剂灭活苗 | 肌肉注射 | 预防新城疫、传染性支气管炎 |
| 90 日龄 | 鸡大肠杆菌灭活苗 | 肌肉注射 | 预防大肠杆菌病 |
| 120 日龄 | 新城疫、传支、减蛋综合征油乳剂灭活苗 | 肌肉注射 | 预防新城疫、鸡传染性支气管炎、减蛋综合征 |

# 参考文献

［1］梁永红．实用养猪大全［M］．郑州：河南科学技术出版社，2007.

［2］张居农，剡根强．高效养羊综合配套新技术［M］．北京：中国农业出版社，2012.

［3］昝林森．牛生产学［M］．北京：中国农业出版社，2007.

［4］全国畜牧兽医总站．生猪标准化养殖技术图册［M］．北京：中国农业科学技术出版社，2012.

［5］黄炎坤，吴健．家禽生产［M］．郑州：河南科学技术出版社，2007.

［6］王新卫．禽病诊治与合理用药［M］．郑州：河南科学技术出版社，2011.

［7］陈溥言．家畜传染病学［M］．北京：中国农业出版社，2006.